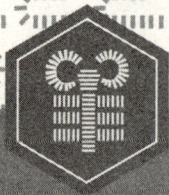

大型青少年励志丛书

少年羊皮卷7

JUNIOR SCROLLS

习惯卷

优秀是一种习惯

主编：马 德

四川出版集团 四川教育出版社

图书在版编目（CIP）数据

优秀是一种习惯：习惯卷/马德编.—成都：四川教育
出版社，2012.12
（少年羊皮卷；7）
ISBN 978-7-5408-6176-6

Ⅰ.①优… Ⅱ.①马… Ⅲ.①习惯性—能力培养
—青年读物②习惯性—能力培养—少年读物 Ⅳ.①
B842.6-49

中国版本图书馆 CIP 数据核字（2012）第 264906 号

少年羊皮卷7
SHAONIAN YANGPIJUAN7
习惯卷·优秀是一种习惯
XIGUANJUAN　YOUXIU SHI YIZHONG XIGUAN

主　　编	马　德
特约编辑	孙学良
责任编辑	胡　佳
装帧设计	和美万达
责任校对	胡　佳

出版发行　四川出版集团　四川教育出版社
　　地　　址　成都市槐树街2号
　　邮政编码　610031
　　网　　址　www.chuanjiaoshe.com
责任印制　杨文荣　陈　庆
印　　刷　界龙集团北京外文印务有限公司

版　　次	2012年12月第1版
印　　次	2013年7月第2次印刷
成品规格	155mm×218mm
印　　张	13
定　　价	22.00元

如发现印装质量问题，请与本社调换。电话：（028）86259359
营销电话：（028）86259477　　邮购电话：（028）86259694
编辑部电话：（028）86259381

目录

第三辑：爱是成功的通行证
——养成文明礼貌的习惯

第四辑：如果你有一双好奇的眼睛
——养成勤于思考的习惯

第五辑：你不能总在原地踏步
——养成自强进取的习惯

第六辑：不要做别人的影子
——养成独立自主的习惯

第七辑：人不能同时坐两把椅子
　　——养成专注认真的习惯

第八辑：拧紧人生的每个螺栓
　　——养成注重细节的习惯

第一辑

沿着自己的路走到终点

——养成坚持到底的习惯

坚守生命中美好的习惯

马 德

檐角挂着一个蜘蛛网，结在短墙和檩条之间。

网是新织出的，纵横的经纬之间，纤尘未染，光亮亮的，在风中轻荡着。那些日子，他总觉得在单位受到了不公平的待遇，做了很多，得到的却很少，于是一生气，干脆赋闲在家。那天，他遛弯至此，看到了这张蜘蛛网。百无聊赖之际，他一挥手，偌大的一张网，瞬息之间便断裂成一条一条的短线，摇摆在风中了。

第二天傍晚，当他再经过这里的时候，他发现，又一张完整的网织在了檐角，在夕照的光辉中，格外鲜亮。他一挥手，这张网也断裂了。

后来几天，他重复着这样一个无聊的动作。每次他都暗想，也许，明天就再也不会看到这张网了。毕竟，不会有哪一只蜘蛛在一个地方辛辛苦苦半天，一无所获，还能不计成败地坚持下去。

然而，第二天他总能看到一张完整的新网，威风八面地挂在檐角。

这天，暮色已经很浓了，他还待在檐角下没有走。因为，他终于看到了这张网背后的蜘蛛了，一个黑黑的家伙，正上上下下地忙碌着。他认真地端详着蜘蛛的一举一动，想弄明白，究竟是什么原因，能让它这样锲而不舍地坚持下来。然而，一直到华灯初上，除了蜘蛛不停地奔波和忙碌外，他什么也没看到。

后来，他出了一趟远门，那是一座偏僻的小城，然而，他郁闷的心绪并未因为这样的一次远足而消减。凑巧的是，就在他计划要返程的时候，在小城的礼堂里，他听了一场劳模报告会。那个劳模的故事很感人，尤其是劳模说过的一句话，让他至今不能忘怀：我不想让大家觉得我的付出是多么的珍贵，付出，只是我生活的一个组成部分，或许对我而言，它已成了我生命中的一种习惯。

他回家之后，再经过那个檐角的时候，便一下子懂了那只蜘蛛。是啊，它锲而不舍地结网，不计成败地付出，也许，就是它生命中的一种习惯。它在做这些事情的时候，并不奢望生活一定给它带来什么；在遭遇挫折或者失败后，也从来不曾动摇过内心的这种习惯。它知道该平静而从容地接受生活所给予的一切。

实际上，就是这只屡屡遭受不幸的蜘蛛，在他走后，在短墙和檩条间，又结了一张更大的网，那张网上，已经网住了许许多多的飞虫。

人生也一样，如果你拥有了这样一种美好的习惯，就要不计成败不问回报地坚守它。若干年之后，当你蓦然回首时，你会发现，人生的枝头上，这种习惯已经为你结出了累累的硕果。

你能坚持到何时

苇　笛

　　在伦敦的一家科学档案馆里，陈列着英国物理学家法拉第的一本日记。日记第一页上写着：对，必须转磁为电。以后的每一天，日记除了写上日期外，都写着同样一个词——No。从1822年到1831年，每篇日记都如此。但在日记的最后一页，却写了一个新词——Yes。这是怎么回事啊？

　　原来，1820年丹麦物理学家奥斯特发现，金属通电后可以使附近的磁针转动。这一现象引起法拉第的深思：既然电流能产生磁，那么磁能否产生电呢？法拉第决心研究这一课题。

　　接下来，法拉第实验、失败、再实验……9年的时光过去了，法拉第终获成功。他首次用实验证明了磁也可以产生电，这就是著名的电磁感应原理。这一原理，日后引导了发电机的诞生。

9 年的时光是如此漫长，不断地实验带来不断地失败，法拉第沮丧过吗？动摇过吗？我不知道，我所知道的是，对电磁现象的执着探索，引导着法拉第坚韧不拔地走在自己的道路上。最终，他也用实验证实了自己的猜想——磁也能产生电。

若是缺乏了坚持到底的恒心，法拉第可能一无所获。而对大多数人来说，人生最不能缺乏的，大概就是这样的韧性了。

为了寻找未知的放射性元素镭，在极其简陋的实验室里，居里夫人历时 4 年，经过几百万次的提炼，终于从 30 多吨的矿渣中，提炼出 0.1 克的镭盐，并且测定出镭的原子量为 225。为了寻找合适的灯丝，爱迪生先后试验了 1600 多种耐热材料，最终选定碳化竹丝做灯丝。吉耶曼和他的课题小组，历时 11 年，在解剖了 27 万只羊脑后，终于获得了 1 毫克促甲状腺释放因子的样品，在下丘脑激素的研究方面取得了辉煌的成就，吉耶曼本人也因此荣获了 1977 年的诺贝尔生理学或医学奖。

追寻这些杰出人士的人生轨迹，我们不难发现，他们的成功秘诀其实非常简单：一是有目标，二是能坚持。若是能够做到这两点，每一个人都可以获得成功，就看你能坚持到何时。

永不服输

高兴宇

　　四十岁的美国女士简·博立恩决心竞选芝加哥市市长，她的对手有赫赫有名的企业巨头和兢兢业业的议会主席等人。评论家们分析说，简参选，只不过是一块小小的垫脚石而已，可能在第一轮就被淘汰。可事实与评论家们的分析完全不一样，看似毫无希望的简后来居上，当选为芝加哥市有史以来的第一位女市长。这个结果大大出乎人们的意料。当记者追本溯源，去探究简·博立恩为何会取胜时，她讲述了一个自己少年时的故事。

　　简和她的哥哥斯迪是孪生兄妹。斯迪是个飞毛腿，从小学一年级开始，他就跟小伙伴们赛跑，从来都是他第一个冲过终点。一天，简和斯迪为了一件小事争论起来。两人互不相让，越争越凶。简脱口说道："无论你做什么，我都能比你强！"此刻，她忘了哥哥了不起的体育天赋。

"你敢跟我赛跑吗？"怒气冲冲的斯迪抓住时机打压妹妹的气焰，"我随时都能赢你。"

简自觉失言，但自尊心不容她低头。她毫不犹豫地回答说："好的，一个月以后我们赛跑。从校门口跑到家门口，看谁先到！"

斯迪讥笑她大言不惭，日后必定反悔。

"不，我决不反悔！我会赢的！"简坚定地说道。

以后的一个月里，人们会看到一个时刻在奔跑的小姑娘。她跑步去学校，跑步去商店，跑步去教堂。平时她走着去的地方，现在都改成跑步去。她奔跑的耐力和速度一天天在提高。这个小姑娘不是别人，就是简，一个决心战胜哥哥的小学生。

一个月以后，简如约与斯迪赛跑。从学校门到家门，大概是一英里的路程。此刻，斯迪觉得脸有点发烧，因为简毕竟是个女孩子，而且还是自己的妹妹。他说："简，只要你现在认输，我们就不用比赛了，我不会把这事告诉别人的。"

倔犟的简怎么会同意就此认输呢！

比赛开始了，起初斯迪遥遥领先。跑到一半时，简的耐力渐渐显露出优势，她一点点儿追了上来。最后，在众人惊讶的目光中，妹妹首先冲到了家门口，虽然只比斯迪快了一小步，但简毕竟获得了胜利。

简把这个少年时的故事讲完了。此时，记者们明白了简竟选获胜的原因，那就是她的一往无前、永不服输的个性。这种个性，在她少年时就已淋漓尽致地表现出来了。三十年过去了，这种个性有增无减。就是这种个性，成就了简·博立恩如今的事业。

种瓜得瓜，种豆得豆。播下一个优良树种，就是播下一片宜人的绿荫；播下一种优良个性，就是播下一生的幸福。

疯狂的执着

姜钦峰

英国人格雷厄姆·帕克，19 岁时第一次接触魔方，从此他就着了魔。这个小小的六面正方体，让他魂牵梦绕，欲罢不能。后来，帕克成了一名建筑工人，成家立业，娶妻生子，但他对魔方的痴迷不仅丝毫未减，反而与日俱增，因为他始终无法让每一面的颜色相同。为了解开魔方，他坚持不懈，每天都要花好几个小时冥思苦想，有时甚至通宵达旦。

26 年后，45 岁的帕克终于成功了。当他转完最后一块，看到每一面都是相同颜色时，帕克长舒了一口气，放声痛哭。26 年的不懈坚持，终于得偿夙愿，他激动地告诉记者："我感到了多年未有的轻松，简直无法向你形容这种成功的欣慰！"由于长年累月转动魔方，他的手腕一直受到伤痛困扰。

疯狂的执着！偶尔在报上看到这则报道，我心情很复杂，说不出是好笑还是同情。

说到魔方，我们都不陌生。在法国举行的魔方大赛上，有一个5岁的男孩技惊四座，仅用时2分21秒就成功还原了一个六面魔方。这个项目的世界纪录，目前由荷兰人埃里克保持，用时7.08秒。据说只要掌握正确方法，普通人可以在30秒内解开。而帕克前后历时26年，不幸成为全世界解魔方用时最长的人。

我家也有一个魔方，那是读小学的女儿丢弃的，已经在客厅的角落里静静地躺了一年多，布满灰尘，无人问津。女儿像当年的我一样，一开始对神奇的魔方充满好奇，但是无数次挑战失败后，终于信心崩溃，一脚把它踢开。一天，我忽然心血来潮，把它重新捡起来，想找回童年的梦。网上有解魔方的详细教程，文字、图片、视频应有尽有，只要对照教程练习，最多7个步骤就能将它成功还原。

第一次在网上看到教程，我兴奋不已，就像突然得到了绝世武功秘籍的三流武士，心想这次肯定能成为绝世高手。出乎意料的是，当我坚持学到第四天时，又在中途放弃了。

得到了秘籍又怎样，我还是那个可怜的三流武士。小小的魔方，就像一面魔镜，能清晰地照见我内心的浮躁。你还有资格嘲笑帕克吗？我问自己。一个失败者去嘲笑成功者，世上没有比这更可笑的事了。帕克确实笨得有点可爱，但是不可否认，他成功了。

恒者无敌

崔鹤同

　　一个日本男孩，自幼酷爱画画。十二三岁时，因家境贫困，为了求生，来到井山宝福寺出家为僧。但是，他常为了习画而误了诵经，以致触犯了长老。为此，长老严令他不准在寺内作画。男孩由于不忍割舍，仍然时常为了作画而触犯长老的禁令。长老气极了，令人用绳子将他反绑在寺院的柱子上。男孩伤心的泪水滴落脚下，不料却触发了他的创作灵感，他用脚拇指蘸着泪水，画出了一只活灵活现的老鼠。

　　这种无以复加的执着、专注使长老大为震撼，他立即令僧徒给男孩松绑，并从此不再干涉他作画。对作画一往情深的孩子，经过身心的磨砺，对大自然的风骨、神韵终获不同凡响的理解，创立了独树一帜的流派，成为日本水墨画的开山鼻祖。他就是 16 世纪中叶的日本画圣雪舟。雪舟以他的热情和执着，终于成就了自己无比绚烂的人生。

这也使人想起了美国的新闻、出版及服饰化妆品产业巨子约翰逊。1942年，二十四岁的约翰逊在芝加哥创办杂志《黑人文摘》之初，为了扩大影响，增加发行量，他决定组织一系列以"假如我是黑人"为题的文章，把白人放在黑人的位置，设身处地地严肃看待这一问题。他想，请罗斯福总统的夫人埃莉诺来写这篇文章最好不过了，于是他给她写了一封信。

罗斯福夫人回信说，她太忙，没时间写文章。一个月后，约翰逊又给她写了一封信，罗斯福夫人仍说她很忙。又过了一个月，约翰逊给她写了第三封信，罗斯福夫人回信说，她连一分钟空闲也抽不出来。尽管罗斯福夫人每次都说她没有时间，但约翰逊没有打退堂鼓，依然不断地发信，他想："她并不是说不愿意写，如果我继续请求她，只要有耐心，也许有一天她会有时间的。"

终于有一天，约翰逊在报上看到，总统夫人要在芝加哥发表演讲的消息，他决定再试一次，便给她发了一封电报，询问她是否愿意趁她在芝加哥的时候为《黑人文摘》写那篇文章。罗斯福夫人终于被约翰逊的坚韧精神所感动，于是便答应了他的请求，把她的感想写了出来。

文章一发表，消息不胫而走，很快传遍美国各地，大家争相购买阅读，杂志发行量一个月内由五万份猛增到十五万份，这成为约翰逊事业成功的巨大转机。后来，他的出版公司成为美国排名第二大的黑人企业。

俗话说："精诚所至，金石为开。"恒者无敌，有了这种矢志不渝、百折不回、一往无前的精神，才能获得常人难以得到的成功，这也是伟人和庸才、成功与失败的分水岭。

沿着自己的路走到终点

澜　涛

　　大学同学岳超从美国回来，就任一家美资跨国公司中国区总经理，一群"死党"聚到一起叙旧。谈笑间，众人对岳超的成功都赞叹不已。有人问岳超，他在美国取得成功的关键是什么。岳超沉思片刻，说起他到美国之后的第一次求职……

　　那是一家大型零售连锁公司人事经理的招聘。经过重重考试，岳超成为最后三名决赛者之一。三选其一，岳超将准备工作做得一丝不苟，他期望能够凭借这一次应聘的成功迅速在美国站稳脚跟。面试是三个人同时进行的，考题异常简单：把一份紧急公文送到公司对面一家酒店的公司谈判代表手中。三个人拿着相同的公文走出总经理办公室，向公司大门疾步走去。公司和谈判代表所在酒店只隔着一条马路，但在公司大门和马路之间是一片草坪，而公司大门恰巧对着草坪的中间部位。岳超出了公司大门，沿着草坪旁的人行道向前跑去，他想用最快的速度绕过草坪，将公文送到酒店的谈判代表手中。一名竞争对手几乎并驾齐驱地和他一同向前跑着。跑出大约十几米，岳超回头，发现另外一名竞争对手正穿越草坪向对面跑去。岳超见状，立刻改变了方向，也踏进草坪。最后的结果是，那名一开始就横穿草坪的人第一个将公文送达，岳超第二个送达，而一直坚持绕过草坪的人最后送达。

聘用结果很快就出来了：绕过草坪的人被聘用为人事部经理。总经理的解释是，虽然他是最后送达公文的人，但他能够坚持原则，这种原则第一的观念是人事经理最应该秉承的。让岳超诧异的是，穿越草坪，第一个将公文送达的人同时被破例聘用为公司经销部经理，总经理的解释是，这种打破常规、不按部就班的精神能够为公司带来另外的收获。三个人中只有岳超落败。

岳超讲述完，感慨道："一个人能坚持什么不是最重要的，最重要的是不能飘摇不定、缺少主见。这一次失败校正了我此后处理问题的准则，我才有了今天的收获。"

执着的力量

澜　涛

这个世界上最大的力量是什么？当你放弃了许多，而不能丢掉的又有什么？从默默无闻到梦想成真、成就生命都需要什么？坚强、刻苦、智慧……也许每个人都会罗列出一些自认为必不可缺的要素，这其中一定都会有这样一个词——执着。

有这样一个孩子，因为父母双双早逝，他自幼就开始了贫病交加、无依无靠的生活，尝尽了人生艰辛。为了养活自己，他不得不到一家印刷厂做童工。虽然环境很苦，但喜爱看书读报的他还是非常珍视这份工作。

一天，他在一家书店的橱窗前看到一本书，便伫立在书橱前，贪婪地盯着那本书，手不停地摸着口袋里仅有的买晚饭的钱。

第二天，他在路过书店时，发现书店的书橱里的那本书翻开了，便如饥似渴地读了起来，直到把打开的两页读完才恋恋不舍地走开。第三天，他不由自主地又来到了书橱前，惊奇的是，那本书又往后翻开了两页！他又一口气读完了。他是多么想把它买下来啊，可是书价太高了，他必须不吃不喝一个月才能攒够买书的钱。第四天，奇迹又出现了，书页又往后翻开了两页。此后每天书页都会往后翻开两页，他就每天都来读，直到把全书读完。这天，书店里一位慈祥的老人抚摸着他的头说道："好孩子，从今天起，你可以随时来这个书店，任意翻阅所有的书籍，不需要付一分钱。"

日月如梭，这个少年后来成了英国著名作家和记者，他就是本杰明·法利吉尤。让身处困境的本杰明·法利吉尤成就绚丽人生的原因有书店老人的温存怜爱、爱护关怀、鼓励鞭策，更因为他自己对命运的不屈，对热爱的执着。

执着的力量帮助他从台阶的最下一阶，登上了令人仰羡，让自己无憾的顶端。

面对梦想道路上的困苦艰难坎坷，执着是最好的利刃，它会帮助一个人劈开艰难，穿越困境，抵达铺满鲜花的梦想。也许，执着并不一定能将你带上成功的顶峰，但一定会让你离目标越来越近，让你的生命俯仰无憾。无憾的生命其实就已经是人生的一种成功了。

不要倒在第九十九步上

朱　晖

　　一支小球队混迹意甲（意大利足球甲级联赛）多年，总是朝不保夕、苦苦支撑。新赛季，俱乐部老板痛下决心，斥巨资招兵买马，力图有所作为。然而事与愿违，联赛一开始，该球队竟然创造了2平7负的历史最差开局。

　　网络上、报纸上各种讽刺声不绝于耳，老板不堪其辱，愤怒地炒掉主教练，迫于赛事紧急，命令助理教练安东尼临时代理主教练之职。"我们已经命悬一线，实在输不起了。"老板沉重地说。

　　安东尼顿时感到泰山压顶。他原先是这支球队的队长，颇得老板赏识，退役后就继续留在俱乐部工作。他知道老板有意把他当未来主教练培养，但没想到这么快就临危受命。没办法，他只得硬着头皮说："我一定尽力。"

安东尼迅速进入角色，组织球队刻苦训练。夜阑人静的时候，他仔细观看比赛录像，可以看出，这支球队是呈上升趋势的，每一场其实离胜利都非常接近，但就是捅不破那层窗户纸。

赛前放假半天，安东尼借机去看望年迈的母亲。

母亲住在郊区的小镇，安东尼驱车赶到时，老太太正坐在院子里研究足球彩票。见到当主教练的儿子，她兴奋地说："来得正好，我正想问你，怎么预测你们下一轮对国际米兰的比赛呢？"他窘住了。要知道，国际米兰巨星云集，迄今为止7胜2平，势不可当，与自己的球队恰恰形成鲜明对比。"作为主教练，我不该说自己的球队不行，但您是我的母亲，我悄悄说，如果不想浪费这张彩票，最好别选我们获胜。"安东尼苦笑道。

母亲抚摸着他的头说："傻孩子，我倒觉得你们该获得一场胜利了。我决定选你们获胜。"安东尼不禁感叹，到底是母亲，任何时候都坚定不移地支持自己的儿子。

周末，联赛如期举行，场面也如人所料，客队国际米兰反客为主，大牌球星们在场上如闲庭信步，轻而易举地攻进两球。中场休息时，不少球迷已经提前退场，他们不愿留下来度过余下的垃圾时间。

在球迷的哄笑声中，安东尼快步走进更衣室。没有人知道，他在更衣室里布置了怎样的战术，也没有人知道，他到底对球员说了什么。下半场一上来，风云突变，主队气势如虹，打得国际米兰只有招架之功，不仅很快扳回两球，在伤停补时阶段，又进一球，实现了惊天大逆转。

赛后，球迷纷纷猜测，安东尼究竟在更衣室里做了什么，为什么短短的十五分钟就可以让一支球队脱胎换骨。各路媒体堵住安东尼，非要他道出究竟不可。无奈之下，安东尼"招供"："我只是告诉球员，我八十岁的母亲买了我们获胜的彩票，她正在电视机前观看比赛。我希望他们打出士气，输也要给老人家一个交代。"

周日，沉浸在喜悦中的安东尼回家陪伴母亲。他激动地说："母亲，是您给我们带来了好运。"老太太笑了笑说："你以为我只是出于爱你才买你们赢的？我可是做过研究的。"安东尼愣住了，老太太又说："还记得我给你讲过一个故事吗？一个发明家搞一项发明，每失败一次就改进一次，从不灰心。可当他连续失败几十次之后，他开始怀疑自己了，尽管他又想到了一个改进方案，但他已丧失了继续的勇气，于是把未完成的发明转手卖掉。不料，另一个人很快完成了这项发明，用的正是他最后想到的方案。发明家很奇怪，问人家为什么轻而易举地就成功了？那人说，一百步你都走了九十九步了，我走剩下的一步当然轻松了。"

安东尼陷入沉思。母亲又说："还有一点我要告诉你，没有球队可以保持全胜，从概率上说，连赢越多，离一场失败也就越近，何况国际米兰根本没把你们放在眼里，这很危险。所以，我才说你们胜面更大，除非你们自己丧失斗志、自甘失败。"

安东尼恍然大悟，自己和前任主教练一起就像那个已经走了九十九步的发明家，前方看似黑暗无边，其实光明触手可及。如果依然坚持下去，成功其实只有一步之遥。在他被黑暗吞噬得心灰意冷之时，老眼昏花的母亲替他看到了一捅就破的光明，而他又用母亲的期待点燃了球员的斗志，这才成就了一场胜局。

安东尼激动地抓住母亲的手说："谢天谢地谢您，我们没有倒在九十九步上。"

第二辑

人生有梦书作枕

——养成喜爱阅读的习惯

书和牛肉

仲利民

我特别喜欢读书，可以三日无肉，不可一日无书。无论是在求学期间，还是工作之后，我对于书的兴趣是有增无减。记得在船上工作时，我因爱读书而成了别人眼中的另类，在一群以玩乐为目标的同事中，读书是多么无聊而寂寞的事，他们经常发出的讥笑声伴随着风声、涛声一起落在我的耳畔。有时，我也会阿Q似的想，我倒想笑笑你们呢？把那么美好的大把青春轻易地抛掷，这是多么奢侈的浪费啊！

记得一次船泊南通待闸时，由于潮水落差大，需要等待一段时间。我便去街头闲逛，遇一书店处理旧书籍，我被那些便宜而耐看的书所深深吸引，掏空了口袋，购买近百本书，雇一辆三轮车把书运到岸边，这曾让同事们怀疑我是贩卖书籍的。他们哪里知道，那些可爱的书籍，是我精挑细选的，我如何舍得出手呢？这些书，以一种巧遇的形式进入我的视野，也算是缘分了。

也有让我耿耿于怀的时候，我买过两本书，范小青与林清玄的散文，没等我细看，就消失得无影无踪，我知道是别人的恶作剧，只不过对于爱书的我而言是难以忍受的。林清玄的书一版再版，很快我就寻觅到再版图书，而范小青的散文则只能留在记忆里，再无处寻找了。时至今日，我仍然难以释怀，那份失落与惆怅，远非一般人可以体会。

船上还有一个同事，阿丁，也算是所谓的另类。他喜欢吃牛肉，每到一处，必定千寻万觅，购买到当地的各色牛肉一饱口福。阿丁虽然与我都属另类，还是受到我无言的轻视。阿丁有时与我侃侃而谈，我多侧耳倾听，不答一言。记得有一回，阿丁和我侃各地牛肉的不同口味，讲各地人的饮食习惯，点点滴滴，非常有道理，且像一篇美食随笔，不仅牛肉是色香味俱全，而且还有典故，典故里总会扯上当地名人，即使我饱读诗书，也只能有侧耳倾听的份儿，插不上半句话。

从那以后，我对阿丁刮目相看，阿丁并非只知牛肉美味，他吃出了牛肉里的精髓与艺术。他再对我侃他的牛肉经，我就有些参与的欲望了。有一次，阿丁说刘邦喜欢吃狗肉，让沛县的狗肉香飘万里，我要挖掘出牛肉的人文底蕴，改良牛肉烹煮的口味，把牛肉里的作料添进些耐咀嚼、耐品味的典故，捆绑出售。

读书让我读成了作家，阿丁吃牛肉则吃成了牛肉馆连锁店总经理。我写的文章如今在有华文的世界各地报刊上露面，阿丁的牛肉馆也像一张铺开的网络越结越大，越结越密，涉及多个省份。

书和牛肉，本是风马牛不相及的两样东西，却在这样一个场合被我们品出了属于自己的味道。那些曾经响彻耳畔的讥笑声则早已成为回忆中的阵阵涛声了，有时细细地回忆，犹向阵阵鼓点，没有淹没我们，却给了我们向上的动力。曾经的苦难，走过去了就会成为风景，不仅装点了记忆，也丰富了我们的人生。

我的恋书癖

李丹崖

我是属于一有时间就要往书店跑的那种人。

往书店跑，也不一定买书，多喜欢书店里静悄悄的氛围，人人都在全身心地关注文字、图画，身心全系在一处，如今，想找到这样一处灵魂休憩的地方，恐怕也只有书店了，连床铺上也不一定，因为在同一张床上，梦与梦也会掐起来，甚至是同一个梦，也未必就不纠结。

我喜欢在书店里看书的装帧，就像集邮爱好者欣赏邮票。我看书的封面和封底，看它的腰封和书签，看作者千奇百怪的简介，我觉得封面和封底就好比一个人的外套，人靠衣服马靠鞍，书靠一张皮。腰封就好比一个人的腰带，书签就应该是他的领带了。我这样说，无非是要告诫万千册图书的制造者、图书出版公司、出版社编辑等图书出版人，做书其实也是做人。

由于自己日常也写点文字的缘故，我不可避免地就要买些书。我买来的书未必全看，有时候一两句靠谱，被我看上了，就会慷慨解囊把它买下来，当然，也不乏彻头彻尾看下来的，那是真正爱一个作者，爱一队文字，爱到了骨子里，欲罢不能，只有一口气读下去作罢。

通常一本书能让我把它领回家，一般我是要看几页的，实在觉得好，就下手买了。也有一页不看就买下来的，那是因为现在的出版社实在太狡猾，用一张塑料膜把整本书都封起来，急得你撕不得、动不得，只得认领一本回家，心里的石头才肯落地。当然了，也有拆封后，如我所愿的好书，这时候，我会发觉如晤知己；也不乏徒有其表的假大空书籍，这时候我会觉得如上贼船。

关于这点，董桥先生和我有同感，他说，每一本书跟漂亮的女人一样，看到漂亮的女孩子，我会心动，我会想抱抱她，可是我不会想到要跟她结婚。当你靠近她的时候，你总是会发现一些缺点，你距离远一点看的话，很漂亮，很迷人。书也一样。

我买书是有瘾的。刚开始我还未发觉，只觉得买了不少，直到搬家的时候，单单是付给工人的搬家费用就多出了几倍，原因是，那些可怕的书箱实在太重了！现在，我仍保持着平均每周都要有一本书入架的习惯。我喜欢把买来的书放在书架上，刺鼻的印刷味散尽，只余下油墨香的时候，我会或坐或躺或倚地看，看得眉飞色舞，看得大汗淋漓，看得脊梁耸起的状况都有。

在下不才，也曾出过几本小书，文薄思浅，不敢推介给众人看，只期望私下里逛书店的时候，偶遇到一两本熟悉的身影，上面赫然写着"李丹崖"三字，我就虚荣得冒烟了。我个人觉得，一个男人有点虚荣倒还是好的，至少能促进他向上进取，逐渐完善提拔自己，让自己做得更好，所以说，在写字上，一直是虚荣在推着我向前跑。

曾经在脑海里冒出这样一个想法：在我出哪一本书的时候，在个人简介里，只写上这样一句话——也许我不是一个情痴，但我一定是一个书痴。

夹在书中的美好

包利民

　　整理书柜，很有些早年间收藏的老书久未问津，便边整理边随手翻看。忽然于一本书中发现一张纸条，细看，竟是当年自制的一枚书签，上面写着："一定要坚持看完，看完了，也许就会明白了！"那是一本极枯燥深奥的哲学类书籍。看着这枚特别的书签，犹能记起当年看此书时的种种心境，一时间竟是感慨万千。

　　于是便停下手头的整理工作，专心翻起那些书来，看能不能与一些不期然的惊喜邂逅。果然，在一本叫《蝶翅里寻梦》的散文集中，发现了一只蝴蝶的标本。那是一只花蝴蝶，翅上的脉络依然清晰可辨，只是脆干得不可碰触，一如那些圣洁遥远的年华。这本《蝶翅里寻梦》是我在沈阳上大学时，去北方图书城所购，那时很是流行这种心灵之韵式的散文。而那只花蝴蝶，却是于校园宿舍楼后面的林荫路上拾得，当时它已死亡，就那么张开翅膀伏在地上，栩栩如生。大学岁月如烟云瞬间掠过心上，回望，那许多点滴种种依然在心，就如隔着时空，我在欣赏书卷中这只依然美丽的蝴蝶。是的，这个八月的午后，我也于蝶翅中重温了许多的旧梦。

还有一本席慕蓉的《七里香》，里面夹着的竟是一枚红叶，它就静静地躺在初始的那首《七里香》之上。更遥远的往事如水般慢慢洇染过岁月的阻隔，我记起，那是上高二时，那时正流行席慕蓉的诗，许许多多篇章我们都能背诵。而当我在书店买来这本《七里香》，自己尚未完整地看一遍，便被班上的同学抢阅甚至抄写。近一个月的时间，书才又重回到我的手中，幸好还完整。最后还书给我的是一个女生，她是我一直默默关注和欣赏的，在那样朦胧的年代里，我也曾偷偷地在日记本上为她写下过许多青涩的诗句。

书还回来后，才发现书中多了一枚美丽的红叶。想着那女生还书时微笑的脸，心便怦怦地跳。红叶历来都是相思的载体，相思红叶，本身就是一首最美的诗。于是浮想联翩，少年的心事翻涌不休。仔细把玩那红叶，希望得到只言片语，可是除了醉心的红，什么都没有。我便自己在上面写下了一句"一枚红叶寄相思"。后来才知道红叶并不是那女生夹进书里的，那只是一个美丽的误会。可我并没有失望懊丧，毕竟，它带给我太多青春的感动。如今叶上的字迹仍依稀可辨，可流年中那些美丽的情怀却永远清晰如昨。

很意外的是，在一本《廊桥遗梦》中，竟发现了一张旧版的百元钞票，我愣了好久，终于记起，那仍是在大学时。那时我每个月的生活费只有三百元，当然不会奢侈到拿百元大钞做书签。当时正是快放暑假时，这一百元钱是准备交给生活委员订车票的，可是竟找不到了。当时还有一周放假，这是身上唯有的钱了，那个年代，与家里联系颇为不便，时间也来不及。关键时刻，班上的一个女生帮了我，那时从沈阳到哈尔滨的车票还不到三十元。后来开学后，要还钱时，那女生却说："你帮我买一本书吧，就当还钱了！"记得那个下午，我和她去书店，她竟是挑了一本《廊桥遗梦》，定价12元。可今天，竟然在同样的一本书中，相隔十五年，那一百元失而复得！最后，我把那一百元依然夹在了《廊桥遗梦》中，就像小心地收藏起一段往事。

那一整个下午，我都沉浸在那些夹在书中的美好里，往事潮起潮落。感谢那些不舍得离弃的书，不仅给我温暖的故事，还于无意之间，为我的生命承载了那么多的感动。每一重逢，眷恋无限。

书的味道

仲利民

　　开学了，读小学五年级的儿子放学回到家，从书包里掏出新发的课本说："爸爸，书有香香的味道。"

　　儿子的话帮我撞开记忆的闸门，岁月从门缝里闪出，像一条线在眼前延伸开来。

　　小时候，我自识字后最先接触的是童话书，郑渊洁这位国产童话大王是我当时最崇拜的偶像了。"皮皮鲁"可是我那时的最爱，舒克和贝塔则成了我的梦中朋友。在那个贫困的时代，拥有一本童话书足够在同龄小朋友面前骄傲上几个月。每每回忆起童年时光，别的都已逝去，唯有书的味道留在记忆中，就像春天萌芽的小草，散发出甜甜的、淡淡的香味来，甚至还有梦的味道。

　　少年时，迷上上海儿童文学作家秦文君的系列作品，《男生贾里》《女生贾梅》《小鬼鲁智胜》等作品，还有她的一系列清新、芬芳的散文，也是我的至爱。作品里的人物虽然不同于我生活的苏北乡村，但是同龄人的机智与风采还是深深地吸引了我的目光。其中许多书都是我在中学寄宿时节省下中午的饭票购得的，那时一天两顿饭，不知节省了一顿怎么没有饿的感觉，这可能就是书的魔力了。同一时期张成新的《啊！少男少女》在上海的《少年文艺》上刊出后，我迫不及待地在小镇上唯一的书亭里找到了它。后来，刊物上预告将出续集，我特意跟书亭的主人预定了两期杂志。即使现在回想起来，记忆中也没有空腹挨饿的感觉，倒是记忆里塞满了幸福的感觉，是这些作品给了我一个乡村孩子开阔的视野，并引领我一步步地走向外面辽阔的世界与文学的殿堂。

年岁稍长，大陆刮起港台风，这时的三毛、林清玄、金庸、梁羽生、张晓风、余光中等港台作家进入我的视野。不知为什么，许多同龄男孩子痴迷不已的武侠作品，我却并不喜欢，而三毛流浪天下的梦想暗合我欲走向外面世界的心理。作品里面多有作家对流浪世界的描述，给了我一个神奇而广阔的天地。我曾经梦想像三毛一样，周游世界。林清玄的作品，充满了佛教的禅味，驱除掉世俗红尘中五彩斑斓的欲望，直指人类最柔软的心灵，许多篇章曾经让我感动落泪。

现在，我读书的口味大变，追求真理与真爱，鲁迅、张炜、周国平、祝勇、张承志等扛起精神旗帜的作家在我心中竖起了一座座丰碑，让我看到书籍成为人类呼吸的窗口，心灵释放的出口，寻找理想的路口。更有许多国外作家——踱进我小小的书房，跻身于狭窄的书橱，米兰·昆德拉、海明威、屠格涅夫、陀思妥耶夫斯基、哈代、毛姆、高尔基、泰戈尔、马克·吐温、川端康成、伍尔夫……这些名声显赫的作家们，竞相向我传达真理与他们的真知灼见。阅读他们的书，让我抚摸到了人类灵魂灼烫的温度，看到了对理想的执着坚守，嗅到了生活的味道、灵魂的味道、真理的味道、信仰的味道。

抱书行走的人

孙道荣

路口，红灯。对面的斑马线上，也站着一群等待过马路的人。远远地看见了他，一个中年男人，怀里抱着一大摞书，看起来书有点沉，他的腰微微地弯曲。忍不住多看了他几眼。站在他身边的人，有人挎着时尚的皮包，有人拎着装满东西的袋子，有人拖着行李箱，有人双手插在裤兜里，有人举着手机打电话……他抱着一摞书，显得很另类。

很久没有看到这样的情景了，除了在校园里，看到背着沉甸甸的书包，怀里还抱着书的学生之外。如今，谁还会抱着一大摞书，出现在热闹嘈杂的街头？他是刚从书店买的书，还是从附近的图书馆借的书，或者是从办公室里准备搬回家的书？不知道。这样一个午后，一个陌生的中年男人，因为他怀里紧紧抱着的一大摞书，让我眼前一亮。他身边等待过马路的人，也看到了他怀抱的书，扭头好奇地看着他，但很快他们就将目光转移到了大街上，街头的人们，衣着光鲜，神色匆匆，每个人都怀揣着各自的故事，各奔东西。

绿灯亮了，斑马线两头的人，快速地向自己的对面走去。在与他擦肩而过的时候，我瞥了一眼他怀中的书，有新书，也有翻卷了封面的旧书，来不及看清都是些什么书。很快，他淹没在人流中。

我已经有半年没有走进过书店了，已经有一年多没有跨进过图书馆的大门了。在装修新居时，我特地挤出了一间房子做书房，还买来了一个气派的书柜，里面摆满了我以前读过的书，不过，我已经很久没有打开书柜的门了。

我的很多朋友和熟人与我一样。但是，偶尔我还是会看到怀里抱着书的人，就像今天我邂逅的这个中年男人。

有一次，在小区门口，遇到一位楼下的邻居，怀里抱着一大摞书，像一堆积木一样，走得摇摇晃晃。忽然，最上面的几本书倾斜了，就要掉下来，她慌乱地用下巴去抵住，这使得其他的书也跟着往下滑，哗啦啦——她怀里的书，全都滑落到了地上。她颓丧地一本本去捡。我赶紧快走几步，去帮她。她张开双臂，我将书一本本叠加到她的手上。问她，需要我帮你搬回去吗？她笑着摇摇头。我感叹，买了这么多书啊。她的脸莫名地一红，忙解释，其实大多是买给孩子学习用的。她家住一楼，我经常能从阳台上看到她坐在院子里，手里拿着一本书。重新抱好书，她小心翼翼地往小区里走，从她的背影，一点也看不出她怀里抱着的，竟是十几本书，倒像是抱着一个孩子。

还有一次，是在一辆公共汽车上，乘客不多。上来一个青年，怀里抱着一摞书，走到一个座位边，却没有坐下，而是将怀中的书，整齐地放在了座位上，自己站在座位边。还有空位子，他本可以再找一个座位坐下的，却不，就那么站着，随着车的颠簸，不时地弯下身，将快要倾倒的书扶正。几站之后，他轻轻地将书抱了起来，下车，他的动作那么轻柔，飘逸。

我有时会奇怪地想，他们为什么不找个袋子，将书装起来呢，那样拎起来可就方便多了。也许很多拎着包和袋子的人，他们的包或者袋子里也装满了书。有一次我陪儿子去书店，买了几本书，付完款后，工作人员给了他一只塑料袋子，儿子没要，他将书抱在了怀里。我问他为什么不用袋子拎？儿子说，习惯了。他是个高中生。又补充一句，抱着书，能闻到书香。不信你试试？

不用试。我也抱过书，从图书馆到寝室，从书店到家，从一个单位到另一个单位。只是那是久远以前的事了。现在，我已经习惯拎着包，包里揣着手机、钱包、钥匙、香烟和名片。

偶尔看到抱着书在大街上行走的人，他们走过我们身边，带起一阵风，风里有书的淡香。

人生有梦书作枕

包利民

　　那一年正是我人生的低谷，大学毕业后接连找了几份工作都不如意，加之感情上又一再地失落，一时间心若死水。偶然的一次机会，看见报纸上有一则招聘教师的广告，那是去一个山村的中学执教，有点属于志愿者的性质，薪水不高，为期一年。我立刻去了，因为我觉得自己疲惫的心灵需要一个平静的环境憩息。

　　到了学校的第二天，我便从镇上的火车站取回了托运的一个大旅行包，里面全是书。山里的生活是封闭而寂寞的，有一种远在天涯的感觉，是那些书带着我周游世界。在黄昏的斜阳下，在寂寂长夜的孤灯下，我一次次地走进别人的故事，那些时刻，欲望的潮水便会悄悄退去，心平静得像一湖秋水，波澜不惊。在我宿舍的木床上，在耳边枕畔，散放着许多书，在书香中入梦，梦境也是一片平和。

有一次一个学生问我："老师，你空闲时都做些什么呢？"我说："读书！"她犹豫了一下说："老师，能不能把你的书借给我看看？我们这里除了课本，再没有别的书了！"我说："好啊！"那天她兴高采烈地从我这儿拿回去一本《平凡的世界》，一个星期后，她还书时对我说："老师，这本书真好，我现在知道该怎样为梦想而努力了！"我微笑，知道书又打开了一个少年的美好心扉。那以后，来我这里借书的学生多了起来，一些名著如《牛虻》《红字》《百年孤独》等曾多次被借，就连《菜根谭》《小窗幽记》一类的书也有人拿去看。而这些书都是我刚刚重读过的，记得当年读这些书时都是抱着欣赏与崇拜的心理，很少把心融入其中。如今旧卷重翻，竟心随书动，品咂出人生的百般滋味。

记得刚上大学那年，初去学校报到，在火车站的候车室里，看见一个人躺在长椅上睡觉，而他的头下枕着的竟是三本厚厚的书！当时想起了一句诗："三更有梦书作枕。"于是我对那三本书产生了兴趣，便凑过去，歪下头去看书脊上的书名，《悲惨世界》四个字映入了我的眼帘。那时并未看过此书，猜想写的一定是一个人悲惨的经历或一生，于是决定到学校后一定要先读此书以释疑。后来在学校的图书馆中借得此书，花了一周的时间读完，觉得和自己当初猜测的出入不大。而如今在这山村中重读此书，心却震撼无比，因为大学时我只是看到了冉·阿让的悲惨一生，却没能看到他为了自己的良心付出了怎样的代价，没有看到他悲惨的一生也正是最无悔的一生！掩卷而思，才觉得自己那一点挫折实在是算不得什么，而自己却还曾为此心丧若死，真是惭愧至极。

我曾让学生们每人写一篇读书随感，他们都写了，看过后我不禁感慨且感动，原来我的那些书不经意间已为他们的生活打开了一扇门，这是我始料未及的。

一年的时间很快便过去了，我的心中重新充满了力量。并不是山村的宁静治疗了我的灵魂，而是书香使我的心复原如初。临走的时候，我把那些书都送给了学生们。他们一定会经历人生的磨难与挫折，我希望他们能在黯淡的际遇之中静下心来，把这些书重读一遍，在字里行间看到新的希望。

那以后我再辗转，可是再不轻易让心中的梦想破碎。每到一处我都要买些新书，行囊中的书越来越多，连一些读过多遍了然于胸的书我都不忍弃置。每读过一本新书，世界在我眼中就会变一个样子，我知道自己的生命只有靠书去装点了。有一次我更换工作后，去了另外一个城市，到达后去车站取托运的行李时，却被告知有一个行包中途散裂，东西遗失了大半。我忙去看，最可悲的事情发生了，散开的行包正是我装书的那个，可惜了我的那些书啊！我宁愿丢失了别的贵重东西，也不愿失去那些书。我为此郁郁了许久，跑遍了这个城市的书店，总算补上了一部分，而有一些较早的版本却永远也无法找到了，这已成为永远的遗憾。

与书的这份情结在漂泊中越来越紧，我知道此生永远不会放弃读书，是它们在不断地弥补着我梦想的裂痕。"年年岁岁一床书"，我现在依然过着书半床人半床的日子，以书为枕，梦境果然是一片静美。忽然明白那年在火车站候车室喧闹的环境中，那个人怎么能睡得如此安详了。用书作为精神的枕头，人生的梦想就会永远散发着理性的芬芳。

拒绝阅读就是拒绝美好

鲁先圣

一个人对文化品的需求，其实一定程度上就是一个人整体素养的标志。一个拒绝阅读的人，是不可能有很高文化素养的。

现在，大多数的人都在一门心思追逐财富，每天不肯拿出哪怕一个小时来阅读。其实，这些人犯了一个最大的错误，他们不懂得财富只是人的躯壳而已，文化和信仰才是一个人的精髓。一个只拥有财富而没有文化的人，不过是财富的管家罢了。

现在的大学里也在发生着让人痛心的事，很多大学生每天仅仅限于自己专业的学习，而没有在社会文化方面加强自己的阅读。其实，他们不明白这样一个道理：如果仅仅限于专业，自己不过就是一个接受了专业训练的文盲而已，自己不过是一个专业工具。比如两个弹奏钢琴的人。两人同样拥有熟练的演奏技巧，一个是有着丰富文化知识的人，他在用钢琴表达自己的情感和追求；一个却仅仅是个熟练的演奏者，他看重的仅仅是钢琴的技法。他们最后的区别是：前者成了伟大的钢琴家，后者仅仅是个钢琴演员。

很多海外的华人，现在最苦闷的事情就是他们的孩子对中华文明一无所知。他们的孩子接受了良好的西方教育，过着优裕的生活，说着流利的外语，但是他们的内心却非常空虚。为什么？因为他们没有了文化的归属感。说自己是华人，但对于中华文化一无所知；说自己是外国人，自己又没有外国人的血统。我们所熟知的华人科学家李政道、杨振宁、丁肇中就没有这样的困惑，因为他们都有着深厚的中华文化修养，他们始终认为自己是中华文明的一分子，他们一刻也没有停止过对祖国文明的渴望和追求。

很多华人认识到了这一点，他们开始从国内买了大量的国学书籍，让孩子补上国学这一课。

事实上，身居国内的人，这样的危险同样存在。很多的富二代、富三代，已经变成了一个十足的财富管理者，仅仅精于自己家族和企业的业务领域，而对于社会文化则茫然无知。这样的无知和茫然，导致的后果是他们对于社会责任的严重缺失，对于国家和民族利益的漠视。

中国慈善事业的严重滞后，富人缺少同情帮助弱者的善良情怀，就是这种缺失的直接后果，说到底，就是文化的严重缺失。

也许我们应该这样认为，我们正面临着一场文化的缺失和危机。放眼我们的社会，有哪些人心怀着巨大而崇高的社会责任心在认真地阅读？我们现在不缺少财富，缺少的是文化的素养，是巨大的社会责任心，是善良的人性情怀。而这些，恰恰是一个人的美德，是一个社会的价值核心，是一个民族的道德良心。

专业知识可以获得文凭，可以拿硕士、博士，但是那不是文化。一个社会没有这样的文化氛围，没有这样的文化追求，是可怜的，也是不可能和谐发展的。

阅读使人拥有文化知识，能够培养一个人的道德品格，能够锤炼一个人的崇高情怀。而只有一个人具有了崇高品格的时候，才会赢得他人和社会的尊敬，才能够获得真正的快乐和幸福。

能蘸着口水翻页的才是书

李丹崖

这话是作家赵楚说的。

为什么说能蘸着口水翻页的才是书？我想，无非有以下两种解释：一、纸质书籍的可捉摸感；二、书籍内容的诱惑力令我等垂涎。

我也曾出过几本小书，但是我最反感的就是出版合同里的电子版权一栏，说这话，并不是说我排斥新事物，我也不是迂腐的老学究，我只是对一切纸质的出版物感到亲切和敬畏。相反，电子书却让我感到虚无缥缈，阅读过后，脑海如白鹭过境，只言片语也没留下，相反，还被电子阅读器的强光和辐射弄得脑袋发蒙，真是一举两失。

从古人的结绳记事，到甲骨文，再到竹木简、丝帛和洛阳纸贵，文字多被负载在结结实实的物体上，可供我们来回把玩和反刍。我们遥想秦始皇当年在油灯下翻阅大量竹木简的时候，呈上来的奏折像小山一样堆积起来，这多有成就感！

有一个词，叫"学富五车"。单从字面意思来看，我们不难发现，这五车装得肯定是可以触摸的书籍，而不是别的。我们试想，五大车书放在我们眼前，是何等的成就感？而相反，换算成现在的电子内存，20 兆、30 兆，丝毫感觉没了，给人的是一种飘忽不定的游离感，甚至让人觉得文字被放逐，随时都有可能被删除键"杀头"的危险。

想起一个节日——农历 7 月 7 日。这个在被万千人看来是牛郎会织女的中国情人节，实际上还有另一层含意，那就是"晒书日"。古人有云："三伏乘朝爽，闲庭散旧编。"说的是在院落里铺开自己的藏书晾晒的场景，这是何等的壮观和排场！刘禹锡也曾在自己的《刘氏集略》里写有这样的句子："居海壖，多雨蘉作，昨适晴，喜，躬晒书于庭，得己书四十通。"一个"喜"字把对晒书的期待写得淋漓尽致。

我讨厌一切掺杂着铜臭的古董收藏癖，我却对一切收藏书的人抱有敬佩之情，哪怕他的身上遍布书的霉味儿。

我曾在一位老者的家中看到他阅读时的情景：一本线装书，已经泛黄，老者用放大镜在窗前的阳光里一行一行地看，时光安静，时不时能听到他翻书页的声音，"刺——"然后又是一阵安静，老者在来回品咂这本书，像在品一杯经年的老酒，从他舒展的眉头里我能读到他心里的酣畅。老者不抽烟，但是他手指肚发黄，细看，才知道是蘸着唾液翻书的时候，泛黄的书页上近乎霉变的小颗粒染黄了他的手。

如今，像老者这样如饥似渴的阅读者少了，大多数人的书房其实多是用来摆设装饰的，上面的书多数已蒙尘，真若问起书中的内容，书房的主人多半未能全晓。这是一群被打入冷宫的书，是何等的寂寞——它们被人藏着，却没有人懂得它们的"心"。看来，你若金屋藏书，还要时时勤光顾，刻刻常阅读为好，否则，你冷落的是书本，知识和财富也离你远去了！

在这个世界上有两个最优美的姿势，一个为母亲给婴儿哺乳，另一个就是阅读。那些拿起书籍的磨刀石把庸常的生活打磨得锃亮的人，那些爱书如命的瘾君子，那些或修长或粗糙的翻动书页的手，那些被书里的文字拴住眼球的人，他们的身上镀满了知识的金辉。

第三辑

爱是成功的通行证

——养成文明礼貌的习惯

素质是一种习惯

韩 冬

南方一家大公司到武汉来招聘，几道关卡过后，初录了将近二十名应届毕业生。到了中午，这家公司慷慨地找了一家大型酒店请同学们吃自助餐。

几天过关斩将下来，剩下的人可以说都是精英了。可能是已经能遥遥地望见自己美好的将来，再加上饭菜丰盛，特别是这些美食都是由别人买单，这些未来的精英们心情相当愉快，吃饭时非常放松，几天来的疲惫一扫而光。有几位应聘的学子开始高谈阔论起来，他们指点江山，激扬文字，那种成功的兴奋溢于言表。他们话说了很多，菜也剩下很多。现场，招聘单位的人员并不同吃，他们只是默默地站在一旁，热情地为应聘学子服务。当天下午，初录者一下子就被淘汰掉五位。

　　原来，自助餐是招聘单位精心安排的一次考试。进入复试的学子都是用餐时注重文明修养的。而在一餐饭后落选的学子，则为中午那一顿免费的午餐付出了惨重的代价——失去了进入下一轮竞争的机会。因为他们在吃饭时不知不觉地表现出了自己最"本质"的一面：在集体生活中以自我为中心，显示自己不同一般；甚至旁若无人地大叫大嚷，心安理得地随意浪费等。其实，这些都体现出一个人的基本素质和最起码的人文关怀的缺失。一个文明素质、人文关怀都很缺乏的人，是不可能成为一个好员工的，更不可能适应越来越高的社会发展需求。

　　素质就是一种习惯。既然是习惯，它一定是在长期生活中自然而然形成的。刻意的模仿，一时的伪装，只能蒙骗不明真相的人，稍微得意时，就可能露出庐山真面目。只有那些具有良好习惯的人，他们的高素质才能时时处处事事体现出来。检验一个人素质高低的方法往往非常简单，仅仅是在他们放松戒备时的一顿饭、一次谈话就足够了。

给别人留一把伞

周海亮

　　将通暖气的最后几天里，供暖公司的大厅窗口总是挤满了前来办手续的人。是一个下午，天阴沉着，又起了风，好像随时会洒下雨来。黄昏时真的下起了雨，初冬的雨，不大，却凉，满街飞着。

　　工作人员拿出一些雨伞，整齐地摆放到门口。伞不多，全新，就像一排站立的等待召唤的士兵。有人办完手续，到门口，看下了雨，又看到伞，感激地笑笑，随手抓起一把，撑开伞，走进雨里，或步行，或骑了单车，或打了出租，就不见了。然后，第二天，第三天，或更长一段时间，他们回来，说一句感谢的话或什么也不说，将伞重新摆放到门口。伞与人，与雨天，与窗口工作人员，形成一种默契。

　　那一对母女，终于办完所有手续。两个人走到门口，才发现下了雨。这样的天气让她们措手不及，女人看看手表，看看天，脸上露出焦急的表情。她对女儿说，看来我们要打出租车了。

女儿指指立在门边的那把伞，她说我们可以打这把伞回家。

那是最后一把伞。淡蓝色的伞面，有着优美弧线的伞柄。

女人看看雨伞，又看看女儿。她说不行。这是最后一把伞，我们得把这把伞留给别人。

为什么呢？女儿不解地问。

因为大厅里还有很多人。女人说，但是雨伞只剩下这一把。

难道他们比我们更需要一把伞吗？女儿问，把伞放在这里，不就是给我们提供方便吗？

正因为是给我们提供方便，所以，我们也必须把这把伞留下。

女人说，你可以想想，当大厅里最后一个人看到下了雨，又看到立在墙角的雨伞，会是怎样高兴的表情；而当他找了很久也没有找到雨伞，又会是怎样失望的表情。他或许会认为这里的工作人员根本没准备雨伞，或许，他们会对所有先前持伞离开的人感到失望……

可是这跟我们有什么关系呢？女儿问，我们不过正好幸运地拿到了最后一把伞……

假如你把正好拿到这把伞当成幸运的话，那么明天，这幸运可能就换成了别人。

女人说，其实类似这样的事情还有很多，比如公园的长椅上只剩下一个位子，比如餐馆的洗手间里只剩下一张擦手纸，比如公交车上只剩下一个座位，比如大厅里只剩下一把免费取用的雨伞……

假如每个人都替他后面的人想一想，那么公园的长椅就会永远有座位，洗手间里的擦手纸就会永远用不完，所有免费取用的雨伞也永远会至少剩下一把……

你想想，这个世界，是不是更美好、更有人情味？

可是每个人都会这样做吗？女儿仰着脑袋问。

正因为不可能每个人都这样做，所以我们才必须这样做……永远给别人留一把伞，在现在，或许是一种品质；在以后，可能就会变成一种习惯。

一双脚上的修养

感 动

　　修养应该体现在一个人举手投足的细节中，就像那个送水工，懂得在雪天里，进入室内之前用塑料袋把两只脚都套上。

　　市图书馆离我家很近，每逢双休日，我都会到图书馆的阅览室去翻阅一些报纸和杂志。每次来这里，总看到座无虚席的场面，有时，大家还会围绕一些文学现象进行一些交流。在这紧张而喧嚣的都市里，能保持一份阅读的闲情是难能可贵的。所以，在我看来，这里的每一个人都有着一定的层次和修养。

　　北方冬天的雪大，雪一下，许多麻烦就随之而来了。走在街上，鞋上会沾满脏雪，从天寒地冻的室外进入室内。脏雪马上就会化作污水。所以人走过的地方，往往会留下两行黑糊糊的脚印。正是在一个雪天，我走进阅览室时发现了异样。屋子里多了一个擦地的女工，她看我进来，竟紧张地盯着我，手操拖布，如临大敌。我故作视而不见，可感觉告诉我，她正跟在我的身后，猛回头，把她吓了一跳，自己也吓了一跳。吃惊于自己留下的那行脚印。在淡黄的地板上，显得如此扎眼。而那个擦地女工，正在奋力擦抹。

坐到座位上，想着刚才的脚印，愧怍油然而生，我再也无心看书了。阅览室是一个开放的公共场所，来往进出的人很多。我注意到，每个进来的人都在犯着同我一样的错，浑然不觉自己的双脚正在恶作剧式的涂鸦着刚刚被擦干净的地板。于是，那个女工就要不停地跟在进进出出的人后面，擦了再擦。不断地踩踏与不断地擦抹，似一场破坏与复原的拉锯战在阅览室里上演着，让人心惊。渐渐地，那个疲于擦地的女工，已是额头见汗。

我忽然有种感觉，每一双进出的脚都充满了罪恶，因为它们是在不断践踏着别人辛苦取得的劳动成果，是在破坏着一种美好与和谐。

不知过了多久，人才渐渐坐定了，擦地女工也得以有机会喘口气、歇一歇，但就在这时，那扇门又被悄悄推开了。一个男人伸头朝里面看了看，似乎想进来，但又把头缩了回去。不一会儿，两扇门都被推开了。还是刚才那个男人，这次，他是肩扛一桶纯净水进来的。突然，一阵沙沙的响声，伴着送水男人走路的旋律，引起了所有人的注意。我开始从上向下打量他，老旧的棉帽子、绿大衣……最后我终于看到了他的双脚，然后是惊异万分。男人的每只脚上，竟然都套着一个塑料袋。他一走动，塑料袋就会发出沙沙的响声。因为套了塑料袋，所以他走过的地方没有一点污迹，还是那样的干干净净。我注意到，那个擦地的女工，站在那里表情复杂地盯着送水的男人，看他放好水，慢慢离开阅览室。而当她再次转过头来，我发现她眼里竟有泪光涌现。

这个下雪的周日里，我没有读书，但我想到了"修养"这个词。我想，修养并不是一个人比别人多认识一些字、多读了几本书；或是一个人多了解《红楼梦》的情节、多会背莎士比亚的一些名句，修养应该体现在一个人举手投足的细节中，就像那个送水工，懂得在下雪天，进入室内之前用塑料袋把两只脚都套上。

为人打伞的胡雪岩

王者归来

　　初春的一天上午，胡雪岩正在自家的客厅里和自己店里几个分号的大掌柜商谈一些投资的事情。平日里胡雪岩脾气很好，可谈到最近的几笔投资时，他却面色凝重，微微皱眉。原来，店里的掌柜们最近进行了一些投资，大家多少都盈利了，有的赚得多一些，有的赚得却少得可怜。胡雪岩绷着脸教训起了其中几个在投资中获利甚微的大掌柜，告诉他们下次投资时必须分析好市场，不要贸然投入资金。如果没有很好的项目，宁可把资金留着等待时机，也不能将资金放在收益太小的项目上，免得自己发现有好项目需要资金时，却无能为力。

　　胡雪岩话音刚落，外面便有人禀告有个商人有急事求见。胡雪岩让大掌柜们各自去忙，自己则带着贴身的随从亲自到客厅外迎接客人。前来拜见的商人满脸焦急之色，见了胡雪岩便连忙说出了自己的来意。原来，这个和胡雪岩同住一个城市，却没什么来往的商人在最近的一次生意中栽了跟头，急需一大笔资金来周转。为了救急，他拿出自己全部的产业，想以非常低的价格转让给胡雪岩。

胡雪岩不敢怠慢，让商人第二天来听消息，自己则连忙吩咐手下去打听是不是真有其事。手下很快就赶回来，证实了商人所言非虚。胡雪岩听后，连忙让自己的钱庄准备银子。因为对方需要的现银太多，钱庄里的又不够，于是胡雪岩又从分号急调了大量的现银。第二天，胡雪岩将商人请来，不仅答应了他的请求，而且还按市场价来购买对方的产业，这个数字大大高于对方转让的价格。商人惊愕不已，不明白胡雪岩为什么连到手的便宜都不占，坚持按应有的价格来购买自己的房产和店铺。

胡雪岩拍着对方的肩膀让他放心，告诉他自己只是暂时帮商人保管这些抵押的产业，等到商人挺过这一关，可以随时来赎回这些房产，只需要在原价上再多付一些微薄的银子就可以。胡雪岩的举动让商人感激不尽，商人二话不说，签完协议之后，对着胡雪岩深深作揖，然后眼含泪花转身离开了胡家。

商人一走，胡雪岩的手下们可就想不明白了。大家问胡雪岩，为什么有的大掌柜投资赚得少了点都被训斥了半天，可他自己这笔投资赚得更少不说，而且到嘴的肥肉都不吃，不仅不趁着对方急需用钱压低价格，而且还主动给对方多付了那么多银子。胡雪岩一边喝着热茶，一边笑着和大家讲了一段自己年轻时的经历："我年轻时，还是一个小伙计，东家常常让我拿着账单四处催账。有一次，正在赶路的我遇上了大雨，同路的一个陌生人没有带伞。那天我恰好带了一把伞，便帮着人家挡了挡雨，人家非常感激我。后来，在我常跑的那条路上下雨的时候，我都帮一些陌生人挡挡雨。时间一长，那条路上的很多人都认识了我。有时候我自己忘了带伞也不用害怕，因为会有很多我帮过的人为我挡雨。"

说着，胡雪岩微微一笑，喝了口茶之后继续说道："你肯为别人打伞，别人才愿意为你打伞。那个商人的产业可能是几辈人才积攒下来的，我要是以他开出的价格来买，当然很占便宜，但人家可能就一辈子翻不了身了！这不是单纯的投资，而是救了一家人，既交了朋友，又对得起良心。谁都有雨天没伞的时候，能帮人遮点雨就遮点雨吧。"

众人听了之后，久久无语。后来，商人赎回了自己的产业，同时也成了胡雪岩最忠实的合作伙伴。

在那之后，越来越多的人知道了胡雪岩的义举，对他佩服不已。无论是胡雪岩的属下，还是同行的商人，甚至是官绅百姓，都对有情有义的胡雪岩尊敬不已。胡雪岩的生意也好得出奇，无论经营哪个行业，总是有同行帮忙，有越来越多的主顾来捧场。

金银珠宝，古玩字画都不是真正的宝藏；人格的魅力，才是人一生最大的宝藏。只有肯为人遮挡风雨的人，才能让更多的人来为自己遮挡风雨。

爱是成功的通行证

柏兴武

　　他是一个孤儿。十七岁的时候，他离开舅父，开始独立生活。对于贫穷的他来说，最重要的是找到一份能养活自己的工作。可是，他试了几次，都没有如愿。一天，他又到一家五金厂应聘推销员，因为他不善言辞，公司经理问了他几个问题后没怎么考虑就拒绝了他。他知道又没有希望了，但他还是面带微笑。他微笑着收回自己的材料，用手掌撑了一下椅子站起来，准备离开。就在这时，他觉得自己的手被什么扎了一下。他低头一看，原来椅子上有一颗钉子露出了头。他看见桌子上有一条镇纸石。于是，他拿起镇纸石敲了敲钉子，然后用手摸了摸，再没什么感觉时，他才转身离去。几分钟后，公司经理派人将他追了回来，他被聘用了。他问经理为什么改变了主意，经理笑着说："因为你有一颗爱心。爱，是成功的通行证。我想，你肯定会成为我们公司最出色的推销员！"

他成为公司的推销员后，对自己并不起眼的事业倾注了全部的爱。他说，爱是了解，爱是关心，了解产品，关心顾客。就这样，他的推销业绩一路直升，很快就成了公司的销售大王。

后来，他积累资金自己开了公司。他在自己的公司里启用有爱心的人做公司的管理者。他在全体员工大会上说："我们公司碰到有爱心的员工的时候，会很珍惜！因为这样的员工是我们公司的宝贝。即使这样的员工现在的技术不好，但因为他有爱，奇迹就很有可能发生！我希望我们每一个员工都用爱心做事业，用感恩的心做人！有爱心的人会不断给对方想要的！这样的人一年，三年，十年一定会做出不可估量的大事！一个人对产品对公司有爱，对国家也会有爱，对别人也会有爱，因为，爱是一种习惯！我还要告诉大家，这个世界是回音壁，你热爱别人，别人也会给你爱，你去帮别人，别人也会帮你。世界是互动的，是圆的，不是单方面的……"他这样说了，也这样做了，他公司里的人上下一心，公司很快壮大起来。

他，就是用爱走向成功的华人首富李嘉诚。他能在一件很细小的、与自己无关的事情上体现出对别人的体贴和关心，他的爱是真诚而博大的。正因为他有这样博大无私的爱，并养成了爱的习惯，他才得到了爱的巨大回报。

礼貌是一种善行

张　翔

1759 年 5 月 28 日，英国肯特郡海耶斯的天空阳光温暖，一个男孩诞生了，当他的第一声啼哭划破周遭宁静的时候，他那身为国务大臣的父亲放声大笑，热泪盈眶。父亲极喜欢这个儿子，于是给他取了一个与自己一样的名字——威廉·皮特。

皮特从小天赋极高，10 岁学会了拉丁语和希腊语，14 岁那年，就进入剑桥大学学习。高贵的出身和惊人的成长历程足以让皮特骄傲甚至自大，然而父亲却细心地教他礼数，要他学会真正的谦卑和礼节。

1781 年，21 岁的皮特涉足政界，他以锐利的思想、雄辩的口才和一种与年龄不符的成熟与知书达礼很快获得了大家的认可。3 年后，这个彬彬有礼的年轻人获得了国王的欣赏和人民的爱戴，以

24 岁的年龄成为了英国历史上最年轻的首相。直到今天，唐宁街10 号的历届首相的画像中，他的画像依然散发着青春的气息。

皮特为人正直，勤于政务，力图将当时并不发达的岛国发展强大。然而，他的仕途却并不平坦，他曾因与国王在国教问题上的争议而辞职。但是，在英国人民的爱戴和拥护之下，他又在"英国需要一位绅士"的呼声中重新登上了首相的宝座。

1776 年，经济学巨匠亚当·斯密出版了《国富论》，这本一出版即震惊了整个欧洲的书，以"自利原则"为核心思想第一次全面论述了经济学规则。就好像艾萨克·牛顿发表了"三大定律"之后让人们认识了世界一样，这本书让人们第一次认识了"经济学"。人们的视野豁然开朗，兴奋不已。后来，亚当·斯密被尊称为"现代经济学之父"。

两年后，这位"现代经济学之父"开始拥有了一个小小的行政职务——爱丁堡海关专员。在 1785 年的一天，海关专员亚当·斯密去一位公爵家做客。那天，公爵的家里来了很多政要、贵族和富豪，首相皮特也出现在那里。当亚当·斯密来到公爵的客厅时，所有的人都纷纷起立，向这位经济学家致礼。这位经常因害羞而口吃的经济学家显然受宠若惊，他极为不好意思地说："先生们，请坐！"这时，已经迎面走来的皮特很礼貌地说："博士先生，您不坐，我们是不会坐下的，哪里有学生不给老师让座的呢？"

这句话顿时赢来了大家的掌声，一位权力至高的英国首相居然给一位海关专员让座，一位把握国家经济命脉的裁决者以一个学生的身份给一位学者让座，这是怎样的风度啊！羞涩的亚当·斯密终于坐下了，人们的掌声却依然没有停止，直到皮特也坐下。

从那以后，英国政要纷纷仿效皮特，都开始以当"斯密的弟子"为荣。就连议会进行辩论时，议员们都不由地引述《国富论》的经典词句，谁一引述其中的词句，反对者大都不再反驳了。更重要的是，从皮特的让座开始，整个英国也掀起了尊重知识的风潮，先进的文化在小小的英吉利海峡的上空慢慢凝聚，引领着这个国家逐渐走向富强。

1806 年 1 月 23 日，伦敦的天空迷雾沉沉，皮特因为国事操劳而英年早逝，47 岁便离开了人世。由于过于忙碌，他甚至来不及结婚，没有留下自己的后代，但是却留下了一句在英国广为传诵的名言——礼节礼貌是琐事中的善行！

请弯下腰

周海亮

地下通道的出口，男人席地而坐。胡琴端立腿上，持弓的手轻抖，曲子就飘起来了。虽不十分悦耳，可是轻快欢愉，钢琴曲或者小提琴曲，全用了《万马奔腾》的节奏。男人胡须浓密，长发披肩，表情认真投入。他的左前方，摆着一个细颈青花瓷瓶。瓷瓶古香古韵，朋友说那瓷瓶价值不菲。可是他明明在街头卖艺，一柄胡琴，抖得微尘飞扬。

他像一位艺术家，人声鼎沸的大街，是他表演的舞台。

和朋友经过时，每人给了他十块钱。男人陶醉于自己的演奏之中，并不理睬我们。十块钱落到瓶口，停住，如同落上去的一只蝴蝶。蝴蝶静立片刻，偏了身子，降落花瓶旁边。我愣了愣，想捡起来，却终于没动。朋友这时从我身边挤上前去，深弯下他的腰，捡起钱，连同手里的十块钱，一起恭恭敬敬地塞进花瓶。然后他冲男人笑笑，拉了我离开——自始至终，男人没有看我们一眼。

朋友的举动，令我羞愧难安。

我给了男人十块钱。这十块钱绝不是施舍，因为他在演奏。他在演奏，我听了，感觉不错，付钱，天经地义。当然不付钱也天经地义，事实上从他身边经过的大多数人都没有付钱。付不付钱都没有关系，但问题是，我付给他十块钱，那么，我应该弯下我的腰。

我应该弯下腰，让钞票落进花瓶而不是落到地上。虽然那一刻男人并没有看我，但我知道，他肯定感觉得到我的态度。一张钞票落进花瓶，对他的演奏，对他的行为，对他的生活，对他的选择，是一种承认，更是一种尊重；可是钱落在地上，那么很显然，我的行为就变成了趾高气扬的施舍，那十块钱，也就成为嗟来之食。可是对于他和他的行为，我有施舍的资格吗？

我们为父母弯腰，为爱人弯腰，因为他们是我们的至亲；我们为朋友弯腰，为同事弯腰，因为他们是我们的至交；我们甚至为一只宠物弯腰，一条狗，一只猫，或者一只画眉鸟，只因为，它们能够给我们带来片刻的快乐……

可是街头那些乞丐，那些卖艺者，那些衣食无着者，我们何曾为他们弯过腰？他们或许从事着我们所不屑或不齿的职业，可是他们，明明是和我们一样的人啊！他们理应有着与我们等同的地位，也理应有着与我们等同的尊严。

你可以不给他们一分钱，你可以目不斜视地从旁边走过，心安理得或者趾高气扬，带着无限的优越感和满足感。但是，假如，哪一天，哪一次，哪一条街，哪一个闪念，你想过付给他们钱，十块钱、五块钱或者一块钱，甚至仅仅一枚硬币，那么，请你务必，深弯下你的腰。

弯下你的腰，对于对方，是一种尊重；对于你自己，又何尝不是？

谦和接近高尚

蒋光宇

黑格尔是学识渊博的德国大哲学家，也是极谦和的人。

对黑格尔来说，谦和已经成为一种习惯。那次朋友们聚会，一位朋友问他："您一贯谦和的习惯是怎么养成的呢？"

他没有直接回答，而是讲了小时候的一件事：

有一天上午，父亲邀他一同到林间漫步，他高兴地答应了。

父亲在一个弯道处停了下来，专心地听了一会儿，问黑格尔："孩子，除了小鸟的歌唱之外，你还听到了什么声音？"

他仔细地听了一会儿，自信地回答："我听到了马车的声音。"

父亲说："对，是一辆空马车。"

黑格尔惊讶地问父亲："我们都没看见，您怎么知道是一辆空马车呢？"

父亲答道:"从声音就能轻易地分辨出是不是空马车,因为马车越空,噪声就越大。"

从此以后,黑格尔将父亲的话牢记在心。每当要出现粗暴地打断别人说话的苗头的时候,每当要出现自以为是、贬低别人的苗头的时候,他都会想到父亲的提醒:马车越空,噪声就越大。

托马斯·杰弗逊是美国的第三任总统,也是极谦和的人。

1785年,他曾接替富兰克林出任驻法国大使。有一天,他去法国外长的公寓拜访。

"您代替了富兰克林先生?"外长问。

杰弗逊回答说:"不,我是接替他,没有人能够代替得了富兰克林先生。"

外长不解地说:"在我看来,您和他都是美国建国时期的伟大人物。必将流传千古的《独立宣言》就是由您执笔,经富兰克林先生修改而成的。你们两个人双峰并峙、交相辉映、互相尊重、亲密合作,是分不出高低上下的。"

杰弗逊又回答说:"不,我代替不了他。富兰克林先生除在思想、政治领域之外,在其他的众多领域也都取得了巨大的成就。从这个意义上说,确实没有人可以代替得了他。"

这使我想到了泰戈尔的一句话:"伟人多谦虚,小人多骄傲。"

乔·路易是纵横拳坛、打败众多高手的美国著名拳王,也是极谦和的人。

有一天，他和朋友骑车一起外出，在路上被一辆货车刮倒了。货车司机怒气冲冲地跳下车，强词夺理地把他们痛骂了一顿。

等货车司机走了以后，朋友纳闷地问他："你为什么不用拳头修理修理那个无理取闹的混蛋？"

他微微一笑，幽默地说："谦和基于力量，傲慢基于无能。如果有人侮辱了歌王卡罗索，你想一想，卡罗索会为他唱一首歌吗？"

乔·路易平时为人十分谦和，与赛场上的勇猛顽强判若两人，被人誉为"谦和的拳王"。

谦和与高尚是近邻，谁越谦和，谁也就越接近高尚。谦和像一件神奇的衣裳，谁穿上它，谁就会变得更加俊美。

第四辑

如果你有一双好奇的眼睛

——养成勤于思考的习惯

举足轻重的懒蚂蚁

蒋光宇

科学家观察时发现，在成群的蚂蚁中，大部分蚂蚁都争先恐后地寻找食物、搬运食物，可以说是相当勤劳。但有少数蚂蚁则什么活也不干。它们被科学家称为懒蚂蚁。

为了深入研究这些懒蚂蚁在蚁群中如何生存，科学家做了下面的实验。

他们在这些懒蚂蚁身上都做上了标记，然后断绝蚁群的食物来源，并将蚂蚁窝破坏掉。在随后的观察中发现，在这种情况下，那些勤快的蚂蚁都不知所措，一筹莫展，而懒蚂蚁则挺身而出，带领伙伴们向自己侦察到的新食物方向转移，并顺利地建起新的蚁窝。

接着，实验者把这些懒蚂蚁从蚁群里抓走。结果他们发现，剩下的蚂蚁都停止了工作，乱作一团。直到他们把那些懒蚂蚁放回去之后，整个蚁群才恢复到井然有序的工作和生活状态。

看来，绝大部分忙忙碌碌、任劳任怨的勤快蚂蚁，根本离不开为数不多的懒蚂蚁。懒蚂蚁善于运用头脑分析事物，把大部分时间都花在了"侦察"和"研究"上，能在环境变化时发挥行动引导作用，具有使蚁群在困难时刻存活下来的本领。显而易见，懒蚂蚁在蚁群中有着举足轻重、不可替代的地位和作用。

行成于思毁于随。如果说理论是行动的眼睛，那么思考可以说是勤奋的眼睛。懒于杂务，才能勤于思考。在经济全球化、竞争越来越激烈的今天，更需要思考、思考、再思考。

把阳光加入想象

感　动

　　美国青年罗尔斯大学毕业后，开始为工作四处奔波，但很长一段时间，罗尔斯并没有找到需要自己的职位。

　　不久，罗尔斯的朋友邀请他一起去夏威夷旅行。一天，沐浴在夏威夷海滩阳光下的罗尔斯注意到，很多在海滩上休闲的人在用手机聊天。但是他发现这些人不一会儿就不得不顶着太阳跑回停车场。这是为什么呢？罗尔斯从游客的抱怨中找到了答案："该死的手机又没电了！"手机突然断电，竟打断了一些游客的开心之旅，这引起了罗尔斯的思考。如果有一种能在海滩上充电的充电器，这个问题不就解决了吗？

　　罗尔斯极度痴迷太阳能，他曾在大学里设计制造过一辆太阳能自行车。此时，夏威夷海滨的阳光让他忽有所悟。为何不去利用这取之不尽的太阳能呢？他突然有设计一种便携式太阳能充电器的冲动。

接下来，罗尔斯在网上购买了一款太阳能充电器并把它缝到了背包上。当他把这种太阳能背包拿到一个旅行网站上出售后，竟吸引了许多购买者。2005年，罗尔斯创立了罗尔斯设计公司，生产销售"瑞特"牌太阳能背包。半年后，罗尔斯公司的产品竟在世界各地的沙滩上占有了一席之地，公司也因此赢利八万美元。紧接着，罗尔斯又开始设计一种能为笔记本电脑充电的背包。结果，这种产品面市后更受欢迎，世界各地的订单雪片般飞向罗尔斯的公司。这使罗尔斯每个月有近两万美元的收益。

谁也不敢相信，一个为找工作而发愁的大学生，两年后竟成为一个拥有自己公司的老板。罗尔斯接受一个电视节目采访时说："从开始到现在，我都没有做什么，我只不过是把触手可及的阳光加入了想象。"

换一种思维

方益松

在北美洲有一个久负盛名的金矿，每年都吸引着全世界数以万计的淘金者。由于大量的采挖，黄金储量逐年减少，而且要抵达金矿，必须渡过一条水流湍急的大河。即便如此，在黄金那灿烂光辉的诱惑下，每天仍会有数千人在水面上挣扎沉浮。

一个淘金者，在经历了无数次的空囊而归后，有一日突发奇想："既然有这么多淘金者急于过河，我何不搞个轮渡，接送他们？"于是，他很快购买了一艘轮渡，专门用来接送每天数以千计的乘客，并在轮渡上做起了外卖，使淘金者远离了河水的威胁，也不用再去啃冰冷的干粮。在淘金者的眼中，他们所看到的只有眼前的金矿，而不会计较区区的几美金。他的生意很快红火起来，成了当地最有名的富翁之一。

　　曾经读过这样一个故事，一个大学讲师在课堂上做了这样一个实验：用两个敞口的玻璃瓶子，分别装了一些苍蝇和蜜蜂，让瓶底向着光源。在经历了一段时间的横冲直撞后，苍蝇全部飞出了玻璃瓶。只有蜜蜂仍在孜孜不倦地向着有光源的瓶底不停地冲撞，一只也没有飞出，直至精疲力竭。这些号称勤劳勇敢的小虫子，就是这样在延续着自己的思维，不断往前，永远向着所谓的光明，从不敢越雷池半步，所以永远飞不出只有不到十厘米之隔的逆光的瓶口。

　　换一种思维，鲁班的手指虽然被小草的叶边划破了，但他看到的却不仅仅是常人眼中的鲜血，并由此发明了锯子；换一种思维，一个苹果砸到牛顿的头上，他感觉到的不仅仅是疼痛，而是从下落的苹果中总结出万有引力定律；换一种思维，伽利略能发现不同重量的球体可以从比萨斜塔上同时落地；换一种思维，能从严冬读出暖意，能从淫雨霏霏中看到晴空朗日；换一种思维，即使身处沙漠，心目中依然充满绿洲。

　　很多时候，怀疑自己，不要更多地相信自己。你之所以陷入了困境，就是因为你没有换一种思维去品读生活与发现自我。永远不要像蜜蜂那样，只知道追逐光源，有时候跳出常规，才是进取。

　　人作为这个世界上最高级的动物，极富有想象力和创造力。在成功者的眼里，逆境正是一种潜在的机遇，只不过更多的人没有很好地去发现。很多时候，一种叫作进取的东西，蒙蔽和麻醉了人们的视线。人们选择了坚强与应对，而忽略了退让与选择，一味地钻进一条思想的死胡同。迷途而不知返，这是人的执着，同样也是人的悲哀。

走出自己的习惯，换一种思维，你会有更多的崭新的认知；换一种视角，你同样会有更多惊喜的发现。因为，上帝在为你关上一扇门的时候，同时也为你打开好多扇窗。

思考是最神奇的花朵

蒋光宇

1840 年，有一个叫亨特的法国青年爱上了一个中产阶级家庭的姑娘玛格瑞特。他诚恳地上门求婚，请求玛格瑞特的父亲把女儿嫁给他。

但是，玛格瑞特的父亲不想把自己的女儿嫁给这个穷小子，于是答复他说："如果你在 10 天内能够赚到 1000 美元，我就同意你们的婚事。"

亨特回家后，陷入了深深的苦闷中，1000 美元对于他来说简直是一个天文数字。为了不失掉钟爱的玛格瑞特，也为了争一口气，让玛格瑞特的父亲不再小看自己，他冥思苦想，决心搞出一个发明创造，然后将专利卖掉，尽快在 10 天内赚到 1000 美元。

但是究竟设计什么呢？亨特废寝忘食地寻找目标，并绞尽脑汁地去尝试。爱情和自尊的力量使他很快选准了目标：人们在欢庆的场合，都习惯用大头针在衣服的前襟上别一朵花。可是大头针很不安全，经常把人的手或身体扎破，有时还会自己脱落。于是，亨特产生了灵感："如果将铁丝多折几道，再把口做成可以封住的，不就有了既方便又安全的戴花别针了吗？"他剪下 2 米左右的铁丝试做，反复试验后，终于设计出了现代使用的曲别针雏形。大功告成之后，亨特飞奔到专利局，申请了专利。

很快，一个消息灵通的制造商问亨特："转让这个发明专利要多少钱？"亨特一心只想把玛格瑞特娶到手，便毫不犹豫地回答："1000 美元。"一拍即合，制造商当场就和他达成交易。

亨特拿着 1000 美元的支票跑到玛格瑞特家，玛格瑞特的父亲听完亨特讲述的赚钱经过后，先是笑了一下，随即骂道："你这个笨蛋！"原来他是嫌亨特太老实、太性急，因为这样的发明至少能值 10 万美元。但亨特还是用曲别针敲开了紧闭着的求婚之门，最终被获准和自己心爱的人结婚了。

在结婚的庆典上，朋友们请亨特说一说求婚的体会，他说出了赢得热烈掌声并使岳父刮目相看的话：

"这个世界对善于思考的人来说是喜剧，对不善于思考的人来说则是悲剧。只有善于思考的人，才是力大无边的人。地球上最神奇、最瑰丽的花朵，就是思考。"

向生活借"手"

蒋　平

　　1957 年，在日本大阪的大街上，一位中年人每天清晨都会看到一家面馆前排着一列长长的队伍，那是饥肠辘辘的市民们在等一碗热腾腾的面条。当时的日本，正逢"二战"后复苏的困难时期，食品严重短缺，而且餐饮业很不发达。中年人就打起了主意：市民们这样喜欢吃面，又要花这样长的时间排队，能不能发明一种加水即可食用的速食面呢？

　　中年人想到就干，当即回家去试验，结果他发现要做这样一碗小小的面条，难度还真不小。首先是面条的保鲜问题，煮面条最耗时的是水煮，所以速食面要求面条必须是熟的，而面条一经煮熟不到几分钟，就会凝固成团。这还不算，熟面条的包装更是个大麻烦：折不得、揉不得、碰不得，否则就会影响弹性和口感。单凭这

90

两点，也就决定了速食面只能在店里吃，无法让食客拿回家里自己弄。

中年人不甘心，那些日子里，他一直在苦苦寻找熟面条的保鲜和包装良方。一天，他不经意间看见妻子在炸"天妇罗"，他发现经过煎炸后的食品，不仅保鲜时间长，而且不容易变形。于是他马上用面条进行试验，这一试之下，世界上第一包速食面就诞生了。

速食的问题解决了，接下来是面的味道。如果没有好的汤汁，就做不成一碗好面。让客人自己准备汤汁吧，又无法达到速食的效果。由店家提供汤汁吧，不仅不利于保鲜，更不好携带。同时，如果加上熬汤的成本，价格偏高，很多客人就会重新回到长队中去了。为了调味问题，中年人走遍了全城的味精制造厂，最后用鸡骨头为原料，成功地制出了世界上第一包鸡精。

这两项发明的结果，使速食面在短短几年内，迅速成为食品界的宠儿，还被日本人评为"20世纪最伟大的发明"。这位中年人，就是被称为"方便面之父"的日籍华人安藤百福。

最伟大的发明，往往来自最普通的生活。通往成功的道路，是无数问题石头的堆砌。而要搬走这些石头，仅靠自己一双手是远远不够的，必须时刻独具慧眼，另辟蹊径，频频向生活这座看不见的矿藏借"手"。速食面如此，其他领域亦然。

如果你有一双好奇的眼睛

鲁先圣

　　无论是研究哲学、数学还是对天文学领域感兴趣的人，都不可能绕过古希腊的泰勒斯。他那一双总是充满好奇的眼睛，已经引领着人类世界在走向文明的道路上行进了几千年。

　　泰勒斯是古希腊时期的思想家、科学家、哲学家，西方思想史上第一个有记载的思想家。他被尊称为"科学和哲学之祖"，是古希腊及西方第一个自然科学家和哲学家，希腊最早的哲学学派——爱奥尼亚学派的创始人。他几乎涉猎了当时人类的全部思想和活动领域，获得崇高的声誉，被尊为"希腊七贤"之一，实际上七贤之中只有他够得上是一个渊博的学者。

　　他生活的那个时代，整个社会还处于愚昧落后的状态，人们对许多自然现象是无法理解的。但是，泰勒斯的那双眼睛却总是充满了好奇，总是想着探讨自然界中的真理。

他特别热爱天文知识。那个时候人们认为太阳的直径只有 0.33 米。泰勒斯通过自己的研究对太阳的直径进行了测量和计算，结果他宣布太阳的直径约为日道的七百二十分之一。这个数字与现在所测得的太阳直径相差很小。他在计算后得知，按照小熊星航行比按大熊星航行要准确得多，他把这一发现告诉了那些航海的人。通过对日月星辰的观测和研究，他确定了 365 天为一年，在当时没有任何天文观测设备的情况下，作出这样的结论是十分了不起的。在天文学领域，他更为人们所津津乐道的就是正确解释了日食的原因。

他曾经是一个商人，可是他不好好经商，不好好赚钱，却总是用一双好奇的眼睛去探索那些在别人看来根本没用的事情。他很穷，赚不到什么钱，有一点钱就去旅行，所以当时有人说哲学家是那些没用的人，赚不到钱的人，很穷的人。泰勒斯决定运用他掌握的知识赚一笔钱堵住那些人的嘴巴。他根据自己掌握的自然知识，预测次年雅典人的橄榄会大丰收。然后他就租下了当地所有榨橄榄的机器。果然，第二年橄榄大丰收了，求购榨橄榄机器的人蜂拥而至，他乘机抬高了垄断的价格，轻易赚了一大把钱。他以此来证明哲学家是有智慧的人，不去赚钱是因为有更重要的事情要做，有更乐于追求的东西要去追求。赚钱，如果他想赚的话，他是可以比别人赚得更多的，而且无须费什么力气。

泰勒斯有一天晚上到旷野观测天象，他心无旁骛，那双好奇的眼睛专注地眺望着灿烂的星空。虽然当时满天星斗，但是他预言第二天会下雨。正在他望着天空说会下雨的时候，没有发现脚下有一个坑，便掉进了那个坑里，摔了个半死。别人把他救起来，他说："谢谢你把我救起来。"然后告诉人家："你知道吗？明天会下雨啊！"这个故事诞生了一个关于哲学家的笑话：哲学家是只知道天上的事情不知道脚下发生什么事情的人。但是两千年以后，德国哲学家黑格尔据此得出了自己的著名论断：一个民族，只有拥有那些关注天空的人，这个民族才有希望。如果一个民族只是关心眼前脚下的事情，这个民族是没有未来的。

当时，米堤亚王国与两河流域下游的迦勒底人联合攻占了亚述的首都尼尼微，亚述的领土被两国瓜分了。米堤亚占有了伊朗的大部分，准备继续向西扩张，但受到吕底亚王国的顽强抵抗。两国在哈吕斯河一带展开激烈的战斗，接连五年也没有决出胜负。战争给平民百姓带来了灾难，平民百姓们流离失所。泰勒斯非常焦急和痛苦，但是以自己一个学者的能力，他没有办法阻止战争。他每天对着天空发呆，渴望通过自己掌握的天文知识，找到结束战争的秘密。

上帝果然没有辜负他那双充满好奇的眼睛，通过对天象的观测，他预测出某天有日食，便扬言上天反对人世的战争，某日必以日食作警告。当时，没有人相信他，但是在公元前 585 年 5 月 28 日，当两国的将士们短兵相接时，天突然黑了下来，白昼顿时变成黑夜，交战的双方惊恐万分，于是马上停战和好，后来两国还互通婚姻。这件事记载在希罗多德的《希腊波斯战争史》第一卷。泰勒斯那双好奇的眼睛，阻止了一场旷日持久的残酷战争。

到泰勒斯生活的时代，还没有人能够准确地测出埃及大金字塔的高度，有不少人虽然做过很多努力，但都没有成功。一年春天，泰勒斯来到埃及，想解决这个著名的难题。他在金字塔下仔细观察之后，那双好奇的眼睛告诉他，他精心研究多年的几何学知识完全可以解决这个难题。第二天，得到邀请的法老如约而至，金字塔周围也聚集了不少围观的老百姓。泰勒斯来到金字塔前，阳光把他的影子投在地面上。每过一会儿，他就让别人测量他影子的长度，当测量值与他的身高完全吻合时，他立刻在大金字塔在地面的投影处作一记号，然后再丈量金字塔底到投影尖顶的距离。这样，他就准确测量出了金字塔确切的高度。他从"影长等于身长"推到"塔影等于塔高"的原理，就是今天被广泛应用的相似三角形定理。

那双总是对世界充满好奇的眼睛，成就了伟大的泰勒斯。他无论在天文学、数学还是哲学等方面都有着巨大的建树，他所提出的理论、定理一直沿用至今，对后世科学的发展奠定了基础，被后人誉为人类历史上最早的科学家。

野草中发现金子

感　动

　　布须曼人是南非的少数民族，过着封闭的生活，他们都是捕猎高手，能通过观察动物留在地上的痕迹，判断是什么动物及其性别、年龄，是否受伤，是否发情等。由于猎物越来越少，他们不能再靠打猎过日子。然而布须曼人像被上帝遗弃的孤儿，他们几乎都是文盲，没有工作，只能靠卖鸵鸟蛋挣钱。许多姑娘生了孩子还住在自己父母家，因为她们的男人无法养活她们。

　　南非某科研机构一个叫哈里的年轻人在这里考察时，看到了布须曼人的贫穷生活，他决心要拯救这些世界上最穷苦的人。

　　在与布须曼人共同生活一段时间后，哈里发现尽管他们没有粮食，却也没有人被饿死，因为贫穷的布须曼人被逼无奈，就去吃一种生长在沙漠中的野草来果腹。

这种野草是一种多汁的仙人掌科植物，味甘苦，布须曼人称之"奥迪亚"。在广袤的红色沙漠上，到处生长着一簇簇的奥迪亚。布须曼人在沙漠上走得饿了，就随手扯一片奥迪亚放进嘴里咀嚼，空空的肚子就饱了。

正是这种布须曼人果腹的野草，引起了哈里的关注，他觉得这种能维系布须曼民族生存的野草不是一般的野草。哈里采了几片叶子，带回了开普敦。经过研究发现，这种叫做奥迪亚的野草里面，含有一种神奇的抗饥饿分子，这种分子正是全球科学家们寻找了几十年的治疗肥胖症药物的理想原料。

当哈里把这一发现公布后，英国和美国的一些医药公司纷纷来到南非，与布须曼人签订收购这种野草的合同。

现在，布须曼人从前赖以度过饥荒的野草成为抢手的、比金子还昂贵的药材，他们也因此每年约有640万欧元的收入。布须曼人没有想到的是，在祖祖辈辈生活的地方，一种看似普通的野草改变了他们的命运。

我们有时也同布须曼人一样，对身边珍贵的东西熟视无睹。然而，那里可能就蕴藏着巨大的财富。

第五辑

你不能总在原地踏步

——养成自强进取的习惯

我在第一排

李雪峰

那是 1931 年的时候，她刚刚六岁，在英国一个名不见经传的
小镇上读一年级。她个子不很高，也很瘦弱。第一次在学校列队的
时候，她站到了队伍的第一位，但眨眼的工夫，几个个头很高又很
强壮的男同学就抢先站到了她的前边。

她不甘心，从后面的队列里一次次走出来，再一次次站到队列
的第一位，但很快又被几个男同学挤到后面去了。后来，老师来了，
队列安静下来了，就在老师要开口讲话前，她又从后面的队列中走
了出来，勇敢地站到了队伍的第一位。开始学习后，她很勤奋，也
很努力，成绩总是排在全班的第一位。班上选举班长，当众多的同
学都不知道应该选谁的时候，她勇敢地站了起来说："选我吧，相信
我是班长最合适的人选！"于是她当选了班长，而且年年连任，从

一年级到二年级……从小学到中学、大学。

读大学后，她还是一如既往地时时处处抢在第一排，学习成绩次次第一，唱歌第一，跳舞第一，演讲第一，就连演戏剧她也要争演第一主角。有时，为了争演男主角，她甚至不惜女扮男装。

四十多年后，她终于争来了英国、欧洲乃至世界瞩目的第一，她通过激烈的竞选，成了英国开天辟地以来的第一位女首相。任首相后，她处理政务周密、果断、雷厉风行，雄踞首相之位十一年，被世人称为"铁娘子"。

她就是扬名世界的著名政治家、英国前首相玛格丽特·撒切尔夫人。

在回顾自己的一生时，她说："我的人生之所以能如此成功，源自我自己的人生信条，那就是：永远争坐第一排，永远争坐第一位！"

争第一排，坐第一位，激励自己出类拔萃，让自己远离平庸的旋涡，这是一个人从小成功走向大成功的唯一之路。

积累人生成功，你就必须时时争人生第一排，坐人生第一位，因为优秀是成功最主要的一个习惯。

自强能把人生的负变正

鲁先圣

当我们一起讨论成功的话题时，很多没有成功的人强调最多的理由是，因为种种原因，自己在青少年时代没有得到继续深造的机会，或者是自己的生活遇到了不可抗拒的困难，给自己的人生留下了极大的负面影响，使自己从一走上社会就处于下风。

其实，这些人不过是在给自己的平庸找一个让自己心安理得的借口而已，他们也许并不知道，在那些成千上万的杰出成功者中间，绝大多数的人一开始正是从困境中出发的，有很多的人父母早亡，很多人甚至连小学都没有毕业。

在美国，就有这样一个人物。那时他家里非常穷苦，他父亲过世的时候，还是靠父亲的朋友们募捐，才把父亲埋葬了。父亲死后，母亲在一家制伞的工厂里做杂役，一天工作十多个小时，还要带一些工作回家做到很晚。这个时候，他正在读小学，家里还有一个四岁的妹妹需要照看。没有办法的母亲，只好让他辍学了，一是因为交不起学费，二是需要他在家里照顾妹妹。

在这种环境里长大的这个男孩，却并没有气馁。他帮助母亲把一个困难的家庭支撑下来，他常常对母亲说：长大以后自己一定要做一个顶天立地的人。在他二十岁的时候，他自告奋勇参加当地教堂举办的一次业余戏剧演出活动。演出很成功，他感觉自己有表达的天赋。他告诉母亲自己要学演讲。母亲十分支持儿子的决定，她对儿子说：只要你努力，你一定会弥补自己的缺陷，为自己走出一条路来的。他找来一些演讲的资料学习，只要附近有演讲，他一定去观摩，同时拜一位著名的演讲家为师。几年以后，他在演说界已经小有名气。在他三十岁那一年，他靠超群的演说才能战胜诸多对手，当选为纽约州的议员。可是他对这个职位一点准备也没有。事实上，他甚至不知道这是怎么一回事。他研究那些要他投票表决的既冗长又复杂的法案——可是对他来说，这些法案就好像是用印第安文字所写的一样。在他当选为森林问题委员会的委员时，他觉得既惊异又担心，因为他从来没有进过森林一步；当他当选州议会金融委员会的委员时，他也很惊异而担心，因为他甚至不曾在银行里开过户头。他当时紧张得几乎想从议会里辞职，但是他羞于向他的母亲承认他的惶恐。他努力钻研那些枯燥的专业知识，研究相关法律，下决心把那无知的柠檬变成一杯知识的柠檬水。这番努力使他不久就成为在这几个领域中屈指可数的专家，同时在处理几个棘手问题时的出色表现，使他从一个小政治家变成一个美国知名人物。《纽约时报》在报道中称呼他为"纽约最受欢迎的市民"。

这个人是谁？他就是美国著名的政治家艾尔·史密斯。他靠艰辛的努力，使自己成为对纽约州政府一切事务最有权威的人。后来，他四度当选为纽约州州长，这是一个空前绝后的记录。1918年，他成为民主党总统候选人，有六所大学，包括哥伦比亚大学和哈佛大学，把名誉学位赠给这个甚至连小学都没有毕业的人。

艾尔·史密斯是这样总结自己成功的秘诀的：我的负面影响恰恰是我的动力，因为我要努力改变它，让它变成我的正面。

在这里，人生的负面不是任何托词，它不仅仅没有成为一个人自卑和自暴自弃的借口，反而成为一个人难得的财富了。

你不能总在原地踏步

王国民

　　基思·鲁珀特·默多克出生在澳大利亚，父亲是当地著名的战地记者和出版社编辑。在父亲的影响下，默多克早年就对新闻行业充满兴趣。在伦敦读大学期间，默多克就到当地一家小有名气的报社做助理编辑，三年的阅历让他变得像鹰一样的敏锐，像变色龙一样的务实。

　　默多克毕业之时，当地的《泰晤士报》以高薪向他伸出了橄榄枝。默多克兴致勃勃地去上任，却在途中接到电话，父亲所创办的报纸马上要进行拍卖了。

　　默多克意识到他人生的转折点到了，他立即回家接管父亲的产业，不到一年的时间，报纸就实现了扭亏为盈。为了实现他的新闻王国美梦，默多克又果断地聘用从没有新闻从业经验的彼得·彻宁和拉里·拉姆担任公司高层，这让很多人都大跌眼镜。但深知赌场规律的默多克知道，他的公司缺的并不是平淡稳重的员工，而是拥有疯狂激情的人才。

在这种近似疯狂的管理模式下，默多克也加快了向外扩张的速度，在他人生的第 50 个年头里，他已经控制了澳大利亚三分之二、英国三分之一的报纸发行量。此外，他还担任过英美澳多家公司的董事长。

应该说，默多克成功了，他完全可以尽情享受他人生的辉煌时光了。

但是默多克并不甘心就此止步。

他很快成立了新闻集团，并聘用有"疯狂的公牛"之称的罗杰·爱尔斯担任公司经理。

10 年之后，他再度出手，在美国建立了他的电视传媒王国——福克斯电视网（FOX）。在互联网时代来临后，默多克又和日本一家公司合办了专门拓展互联网投资的软银公司。

2005 年，他以 5.8 亿美元现金收购当时 MySpace 的母公司，从而进军网络新闻博客及网络社交领域。2008 年默多克最终以 50 亿美元成功收购道·琼斯，这让所有美国人都在惊呼："狼来了！"

生活中的确常常是这样，取得成功其实并不难，难的是把成绩归零，重新开始。很多人都失败了，但有人的确成功了。正如默多克所说："每当我站在一个成功的顶峰时，我就反复提醒自己不能总在原地踏步、故步自封，所以我只能勇敢地再向前迈步。"

"你不能总在原地踏步"，多么切合实际的一句话，我想这句话不仅仅是一种言词，一种态度，更是一种心境，一种充满大智的习惯。

卓别林的传奇人生

鲁先圣

卓别林那个戴着圆顶硬礼帽，穿着黑色礼服，反穿着大号皮鞋，手持一根竹拐杖，留着一撇小胡子，在舞台上迈着八字步走路的模样，几乎成了喜剧电影的标志，一百多年以来的喜剧演员都以他的方式登台表演。这个形象，给20世纪的世界舞台增添了无穷乐趣。作为一个从无声片时代成功过渡到有声片时代的喜剧大师，他留给后世的艺术和精神财富难以估量。他当之无愧地被誉为"世界喜剧之王"。

但是，卓别林的成功之路却不是一帆风顺的，更确切地说，他的成功，他的成功得益于每当他遇到机会的时候，都没有让机会轻易溜走。

卓别林的幼年生活极其贫困，出生在英国伦敦南部地区的一个演艺家庭，父母都是社会最底层的穷苦艺人。父母难以养活孩子，因此他被送进一个少年感化院，几周后又被送入一个收养孤儿的学校。七岁时他离开了孤儿学校，成了一名流浪儿。他当过报童、杂货店小伙计、卖玩具的小贩、医生的小佣人、吹玻璃的小工人，还在游艺场扫过地。十二岁半时父亲酗酒去世，母亲患精神病。

卓别林小时候曾生过一次大病，数星期躺在病床上。擅长演技的母亲晚上回到家里，就在窗前给他表演外面发生的事情。很多时候，为了让孩子高兴，母亲加上了许多喜剧的成分。本来就天资聪颖的卓别林把母亲的表演熟记在心。1894 年的一天，母亲在伦敦的一个俱乐部演出，嗓子突然沙哑了，这个时候台下传来了喝倒彩的嘘声。5 岁的卓别林恰好在后台玩耍，看到台下的情况，他大胆地对母亲说，他要上台表演，帮助母亲摆脱尴尬的场面。

小小年纪的卓别林首次登台表演了。他模仿着母亲平时给他表演的动作，学着大人的腔调，穿着大人的皮鞋，边舞边唱。出人意料的事情发生了，台下的观众被小小的卓别林逗得前仰后合，大笑不止。观众们惊叹小孩子的演技，纷纷向台上扔钱，并报以雷鸣般的掌声。卓别林数次谢幕，观众依然热情不减。

这次因为母亲突然嗓子沙哑给卓别林的偶然机会，不仅仅给卓别林带来极大的震撼与冲击，增强了他追求表演艺术的自信，也促使母亲更加刻意培养孩子的表演才能。

更没有想到的是，这件在当时轰动一时的事情，后来传到了一个人的耳朵里。这个人就是当时在英国演艺界很有声望的童子舞蹈团的班主杰克逊。他听说卓别林具有突出的表演才能之后专程找到卓别林的母亲考察孩子，他看中了卓别林。他把卓别林带到了自己的舞蹈团悉心培养。卓别林十分珍视这个难得的机会，他在舞蹈团十分刻苦。别的孩子去玩耍了，他主动找老师练习。很快，卓别林成为舞蹈团的核心演员。

杰克逊先生十分欣赏这个既有表演天赋又刻苦用功的孩子，在卓别林12岁那年，美国著名的剧院经理汉密尔顿找杰克逊推荐《福尔摩斯》的演员时，杰克逊毫不犹豫地推荐了卓别林。

登上成人舞台的卓别林，开始几年扮演的角色并没有引起什么反响，他为此十分苦闷。就在这个时候，美国一位著名喜剧演员听说了他的经历，邀请他出演喜剧《足球赛》。卓别林下决心不放过这个成功的机会，他相信自己有演喜剧的天赋。他认真排练，大胆运用演出技巧，把自己小时候第一次演出的扮相移植过来。登台演出的时候，他一改常规，背朝观众，穿着长礼服，戴着大礼帽，脚套鞋罩，手拿手杖，迈着鸭子步走上场。他的每一个滑稽动作都让观众拍手称快。

这次演出大获成功，一举奠定了卓别林在美国演艺界的地位，也为他赢得了巨大的名声。这次演出引起了美国喜剧电影制片商好莱坞对卓别林的注意。从此，他进军好莱坞。最终，这位英国哑剧演员成为风行美国甚至世界的一代喜剧电影大师。

从 1919 年开始，卓别林独立制片，共拍摄 80 余部喜剧片，其中在电影史上熠熠生辉的影片有《淘金记》《城市之光》《摩登时代》《大独裁者》《凡尔杜先生》《舞台生涯》等。这些影片反映了卓别林从一个普通的人道主义者转变为一位伟大的批判现实主义艺术大师的过程。他以其精湛的表演艺术，对下层劳动者寄予深切的同情，对资本主义社会的种种弊端进行辛辣的讽刺，对法西斯头子希特勒进行了无情的鞭笞。1952 年，他受到麦卡锡主义的迫害，被迫离开美国，定居瑞士。在瑞士期间，他又拍摄了尖锐讽刺麦卡锡主义的影片《一个国王在纽约》。1972 年，美国隆重邀请卓别林回到好莱坞，授予他奥斯卡终身成就奖，称他"在本世纪为电影艺术作出不可估量的贡献"。

今天仰望这位伟大的喜剧大师，我们不难发现，他的成功，没有什么出乎寻常的奇迹。一切都是因为，当他面临一个人生机会的时候，他总是能够努力抓住，并把每一次即使是很偶然的小小机会，都变成了自己通向成功的阶梯。

做最醒目的那一棵树

崔修建

师大毕业，我被分到一个林区小镇的中学当老师。

语文组里总共有八个老师，我是其中唯一的名牌院校的毕业生。刚参加工作时，我颇有激情地搞了一点儿小小的教学改革，校长在教工大会上表扬了几句，再加上我平素喜欢舞文弄墨，偶尔在报刊上发表一两篇"豆腐块"，很自然地成了办公室里"出头的椽子"，惹来组里人的嫉妒，有的当面阴阳怪气地冷嘲热讽，有的私下里散布我的种种子虚乌有的不是，让我烦恼而无奈。

以前只在文学作品中看到过小知识分子的穷酸气儿和小肚鸡肠，这回我算是真的领教了。尽管我在同事们面前十分谦虚，从不显示自己那一点点的"与众不同"，努力用言行表白自己与大家一样真的很平凡，可我还是受到了同事们的孤立，他们对我猜忌、躲避、挑剔……很少有人跟我谈知心话。

一天，我把心中的苦恼向退休的谢老师倾诉。谢老师给我看一幅风景画，那上面画了许许多多几乎一般高的杨树，在画面的左上角，有一棵参天挺拔的杨树特别醒目，虽然只画了不足一半，但它那超凡脱俗的壮美却是那样的显而易见。

"小伙子，这回你该明白'出类拔萃'这个成语的含意了吧？嫉妒，是人之常情，但人们嫉妒的往往是略微比自己强的人，你见过谁嫉妒那些成就非凡的伟人？人们对远远超出自己的人只有敬佩。就像这株醒目的大树，别的树对它只有仰慕，只有学习和努力地追赶……"

哦，我懂了——面对嫉妒和误解，没必要抱怨、消沉、妥协，没必要为适应别人而改变自己。最好的选择，就是把自己的长处发挥得更加淋漓尽致，努力争取出类拔萃。

此后，我付出了超乎寻常的努力，在教学方面刻苦钻研，勇于探索，摸索出了一系列富有创新意识而又行之有效的教学方法，教学水平明显提高，即使是接手全校公认的最差的班级，也能让学生的成绩在短时间内奇迹般地大幅度提高。很快，我成了当地颇有名气的教学能手，很多学生家长争着把学生送进我的班级，校领导把我的课时量排成全校最多的。我的教学论文又频频发表、获奖，多次被上级部门请出去上公开课和观摩课，为学校争得了不少荣誉。

更让同事们惊讶的是，我在繁重的教学工作之余，业余创作也获得了很大的丰收，每年都有数百篇诗文在全国各类报刊发表、转载，并被多家知名报刊聘为特约撰稿人，约稿信接连不断……

光环簇拥的我在同事们面前依然十分谦逊，从没有表现出一丝一毫高人一等的感觉。这时，原来对我有些疏远的同事们，也纷纷由衷地夸赞我聪明、勤奋、朴实，真诚地预言我将来肯定还会有更大的发展。他们放下了矜持，和我一起探讨学习、工作、生活中的种种问题，大家都敞开了心扉，畅所欲言，彼此关系融融，似乎我们以前根本没有过任何隔阂……那天，当我站在师范大学的教室里，面对着一群年轻的大学生，讲完我的这一段真实的经历后，我特意激励他们——拿出你们的热情，施展你们的聪明，优秀一些，再优秀一些，用自己绝对的优秀去赢得别人的敬佩。

努力地去做一棵醒目的大树，在风中亮出自己最美的风景，不仅仅会开发出自身巨大的潜能，创造出令自己有时都会惊讶的奇迹，还会因此赢得掌声，赢得好人缘，赢得美好的人生。

八倍的辛劳

陈鲁民

当有记者问美国女国务卿赖斯成功的秘诀时，她只说，自己付出了"八倍的辛劳"。赖斯小的时候，美国的种族歧视还很严重，特别是在她生活的伯明翰，黑人地位低下，处处受白人欺压。赖斯十岁时全家到首都游览，却因身份是黑人，不能进入白宫参观。小赖斯倍感羞辱，凝神远望白宫良久，然后回身一字一顿地告诉父亲："总有一天，我会成为那房子的主人！"

赖斯的父母很赞赏她的志向，就经常向她灌输这样的思想：改善黑人状况的最好办法就是取得非凡的成就，如果你拿出双倍的劲头往前冲，或许能赶上白人的一半；如果你愿意付出四倍的辛劳，就得以同白人并驾齐驱；如果你愿意付出八倍的辛劳，就一定能赶在白人前头。

为了能"赶在白人前头"，她数十年如一日，以超过白人"八倍的辛劳"发愤学习，积累知识，增长才干。普通美国白人只会讲英语，她则除母语外还精通俄语、法语、西班牙语；普通美国白人大多只能进一般大学学习，她则考进名校丹佛大学拿到博士学位；普通美国白人二十六岁可能研究生还没有读完，她已经是斯坦福大学最年轻的教授，随后又出任了斯坦福大学历史上最年轻的教务长；普通美国白人大多不会弹钢琴，可她不仅精于此道，而且还曾获得美国青少年钢琴大赛第一名；此外，她还精心学习了网球、花样滑冰、芭蕾舞、礼仪，白人能做到的她要做到，白人做不到的她也要做到。最重要的是，普通美国白人可能只知道遥远的俄罗斯是一个寒冷的国家，她却是美国国内数一数二的俄罗斯武器控制问题的权威。

"八倍的辛劳"带来了"八倍的成就"，她终于脱颖而出，一飞冲天。

我们也常常感叹生存环境不好、竞争不公平、别人对我们的歧视等，可我们有没有付出八倍的努力呢？如果你付出了八倍的努力，你还会是块不发光的金子吗？

我不懂，我可以学

陈亦权

在位于纽约华尔街的多伦多投资银行里，正进行着一场招聘面试会。

挑剔的考官出的考题涉及许多他们根本没有学习过的知识，不少应试者纷纷沮丧甚至是愤怒地离开了。

这时，进来了一位名叫高梅的中国女孩，她在加拿大读完了研究生并攻读了博士学位。可在面试中，考官的许多刁钻问题令她根本无法回答，但她没有像前面一些应试者一样根据自己的合理想象来猜测答案或者起身离去，而是很诚恳地摇摇头说："不知道。"

正在考官准备说结束的时候，高梅站了起来，又是满怀诚恳而坚定地说："我现在不知道，但我可以学！"

"你可以学？"考官用怀疑的眼神看了看她后，又叫了两个职员过来，他们相隔得很远，然后用手比画着跟对方说了一分钟的话，然后考官问她："你知道他们在说什么吗？你能够学吗？"

结果不难想象，高梅既听不懂也看不明白他们究竟在说什么，根本无从学起。这时，考官告诉她那种"手语"其实并不是"哑语"，而是在华尔街极为普遍的"工作手语"，那里面包含着一些特定的专业含义。对于刚从学校里出来的高梅来说，那显然是太陌生了。高梅再次用极其诚恳而坚定的态度说："我可以学！"

面试在没有任何结果的情况下结束了，但没想到一个星期后，高梅接到了多伦多投资银行打来的电话，她被聘用了！高梅那种敢于说"不知道"和"我可以学"的勇气和态度打动了多伦多投资银行，最终被聘用为衍生交易项目的分析师。

进入多伦多投资银行工作后，高梅发现新人根本没有请教别人的环境，一切全部要靠自己。证券交易是一个紧张运转的沙场，几乎所有交易人员都隔着老远用手比画着跟对方说话，那些就是他们自己的专业手语，外人根本看不懂。刚开始，高梅只有硬着头皮自己学，她站在同行旁边，观察他们说的每个字，每个动作，然后把二者结合在一起，再配合当时的交易场景，分析揣测他们那些手语的内容，往往一个动作会猜上好几次才知道真正含义。

就在这种勇于说出"不知道"和"我可以学"的信念当中，她一点点地融入新环境当中。到现在，高梅已经成长为在纽约掌管着十七亿美元资产的著名金融公司的合伙人与投资组合总监，创造出了许多不凡的业绩。在 2009 年的"华尔街十大中国女强人"中，高梅榜上有名！

长时间以来，我们一直把"知之为知之，不知为不知"作为一种可贵的美德，但从高梅的身上，我们发现在今天这个社会，仅有这种美德还不够，在承认自己"不知"的同时，还必须有一种"我可以学"的坚定信念，否则光有诚实而不求上进，也是不可取的！

只要拥有不甘贫穷的心灵

鲁先圣

　　一个人可以选择自己的生活方式，选择自己喜欢的事业，选择自己生活的地方。可是，有一种处境却是不能选择的，就是自己的出身。有人出身在富贵之家，有人出身在贫穷之家。有人出身在富裕文明的国度，有人却出身在战乱频仍的国家里。但是，一个人的生存状况却是可以改变的，不思进取的人即便富贵也可能沦落为贫穷；出身贫穷的人通过艰苦的奋斗会摆脱贫穷走向富贵，只要你拥有一颗不甘贫穷的心灵。

　　"我出身在贫穷的家庭里。"担任过美国副总统的亨利　威尔逊常常这样说，"当我还在摇篮里牙牙学语的时候，贫穷就对我露出了它狰狞的面目。我知道，当我向母亲要一片面包，她手中却没有的时候会是什么滋味。我知道我的家里非常贫穷，但是我不甘心。

我告诉母亲，等我长大了，我一定要通过自己的努力改变这种状况。"

威尔逊的母亲没有能力把儿子送到学校去读书，孩子十岁的时候就离开家去当了学徒工。小小的威尔逊很愿意去做学徒，因为那家工厂规定，做学徒每年可以享受一个月的学校教育。他做了十一年的学徒，不仅利用每年一个月的时间掌握了初步的文化知识，还得到了一头牛和六只羊作为报酬。

在他二十一岁生日后的第一个月，已经长成一个青年的威尔逊带着一队人马进入了人迹罕至的大森林，去采伐那里的大原木。"我已经成为一个顶天立地的男人，我可以凭借自己的辛苦和智慧改变自己的生存处境了！"他这样告诉自己。他每天都是在天际的第一抹曙光出现之前起床，然后就一直工作到天黑后星光出现。每天回家的时候，拖着疲惫的脚步行走在漫无边际的盘山道上，很多时候因为自己难以支撑，他请求同伴们先走。但是，每一天他都顽强地回到了家中。他说："那种痛苦和恐惧的感觉是难以描述的，但是，当我想到这是在改变自己的贫穷时，就顿时有了力量。"第一个月结束的时候，他得到了六美元的工资。他欣喜若狂地跑回家告诉妈妈。在当时来说，这对于威尔逊一家，是一笔多么巨大的资金啊！每个美元在威尔逊的眼里，都如同夜晚天空皎洁的月亮一样银光四溢。

威尔逊在征得母亲的同意后，自己留下了几美分，去书店买了自己心爱的几本书。然后，又去图书馆办了一个借阅证。他把一切工作之余的时间都利用了起来，如饥似渴地进入了知识的海洋。

冬天到了，大雪封山，采伐的工作停止了。他徒步去一百公里之外的内笛克学习皮匠手艺。他同时在学习的间隙参加当地的辩论俱乐部，利用自己在书本上学到的知识，发表自己对于政治和经济的见解。一年以后，年轻的威尔逊已经在当地的辩论俱乐部脱颖而出，成为其中的佼佼者了。后来，大家推举威尔逊在州议会发表了著名的反奴隶制度的演说，他也因此名声大噪，成为知名的民主人士。

十二年之后，刚刚过了三十三岁生日的威尔逊，与著名的社会活动家查尔斯平起平坐，一起进入了国会。在国会里，他依然锐不可当，成为著名的国会议员。后来，威尔逊又竞选副总统成功，成为美国历史上最年轻的副总统。

威尔逊出生在贫穷之家，他生来是贫穷的，但是他有一颗不甘贫穷的心灵。正是在这颗不甘贫穷的心灵的照耀下，他一步步摆脱了贫穷，登上了成功的巅峰。

第六辑

不要做别人的影子

——养成独立自主的习惯

不要做别人的影子

鲁先圣

在别人的影子下活着，永远只能做别人的影子。如果总是跟在别人的身后人云亦云，你永远不会有自己的立场。要成就一番伟业，你必须做你自己，用怀疑的态度看待你眼前的世界，努力通过自己的眼睛和实践得出结论。

古希腊的苏格拉底就感觉自己的学生太过于依赖自己了，他们依偎在他的哲学大树之下，很少有自己的主张。他希望能够有一个办法让自己的学生顿悟这个道理。

一个秋日的下午，苏格拉底穿着他那件常年不换、皱皱巴巴的短袍，优哉游哉地穿过雅典城中心的广场，找一个角落坐下。他对于动荡不安的时局充耳不闻，对于当局的作为也不评论。这时有很多青年人围到他身边，有柏拉图和亚西比德那样的阔少，有安提西尼那样的清贫和淡泊之士，也有亚里斯卜提那样的无政府主义者。他们都虔诚地拜苏格拉底为自己的导师，因为羡慕老师自由自在的生活。

当弟子们围拢过来之后，苏格拉底从皱皱巴巴的短袍里面掏出了一个苹果，站起来，目光深沉地对青年们说，这是我刚刚从果园里摘下的一个苹果，你们闻闻它有什么特别的味道。

这个苹果看上去已经彻底熟透了，果皮已经成了紫红色，而且饱满光滑。

他拿着苹果自己闻了闻说："它真是一只香甜的苹果！"然后，他走到每一个弟子面前让他们闻闻。

第一个学生闻了闻以后说："我闻到了香甜的气味！"第二个学生闻了闻也说："正如老师说的那样，它真是一只香甜的苹果！"几乎所有的学生都闻过了，答案如出一辙，都是说他们闻到了苹果香甜的气味。

苏格拉底最后走到他最信赖的学生柏拉图面前，示意他站起来回答。柏拉图站起来，认真闻了闻，然后坚定地看了看同学们，一字一句地说："老师，我什么气味也没有闻到。"

同学们都万分诧异："怎么可能呢？一个熟透的苹果怎么会什么气味都没有呢？一向聪明善辩的柏拉图今天怎么了？"

苏格拉底神情庄严地目视着他的弟子们。苏格拉底把柏拉图拉到自己的身边说："只有柏拉图是对的。"他又对大家说："只有柏拉图做了他自己。"

弟子们都十分疑惑。苏格拉底把那个苹果交给弟子传看，竟是一个蜡做的苹果！于是，他们都问自己："刚才怎么闻到了苹果的香味呢？"

苏格拉底对弟子们说：永远不要用成见下结论，更不要人云亦云，要相信自己的直觉。我拿来一个苹果，你们为什么不先怀疑苹果的真伪呢？不要相信所谓的经验，只有怀疑开始的时候，哲学和思想才会产生。

弟子们明白了老师的用意。他们从此学会了用自己的脑子去思考，并帮助苏格拉底创造了伟大的欧洲哲学！而与众不同的柏拉图，后来则成为苏格拉底最有成就的门徒。

爸爸不知道

韦延才

我在女儿心里的形象糟糕透了，而且简直是一无是处。

这种坏形象起于女儿五岁的时候。那是一个寒冷的冬天，女儿穿着棉绒衫在看动物世界，电视画面上，一大群企鹅在南极美丽的雪地里，面朝蔚蓝色的大海，一副憨态可掬的样子。看着站在皑皑白雪上的企鹅，女儿忽然扭转头说："爸爸，企鹅不穿衣服，它为什么不怕冷呢？"

企鹅可以说是最不怕冷的鸟类，它全身羽毛密布，并且皮下脂肪厚达两三厘米，这种特殊的保温"设备"，使它在零下六十摄氏度的冰天雪地中，仍然能够自由自在地生活。但当时我并不知道这个缘由，这是后来查资料才了解到的。看着女儿疑惑的眼神，我摇了摇头，老老实实地说："爸爸不知道。"

女儿显然对我的回答不满意，说："爸爸，你为什么不知道呢？"

听了女儿天真的反问，我"哧哧地笑了，既是解脱又似开导地对女儿说："我们生活在知识的大海洋里，不知道的东西还有很多。"

在很多孩子的心里，爸爸妈妈似乎是无所不能无所不晓的。

"哦。"女儿看着我，用鼻子应了一声，就找她的妈妈去了。妻子当时正好出差在外，那时候我们还没有手机。女儿拿起电话，把妈妈单位的电话号码按了一半才想起妈妈去了外地。于是，女儿把电话打给了她的小伙伴，一连问了两三个小朋友，女儿才得到一个不是完全正确的答案——因为企鹅是不怕冷的动物。

妻子出差回来后，女儿拉着妈妈的手，把这件事告诉了她。妻子看着我，不无揶揄地说："你爸爸小时候不好好读书，所以他不知道啊。"

此后我还被另·些困难难住，比如女儿的作业，特别是那些拼音啦、英文啦，我也是不懂。而那次去大容山游玩，更是让我在女儿心中的形象大打折扣。

大容山连绵数十千米，山上林木茂盛，景观丰富。那天我和女儿被美丽的景色吸引着，不知不觉就进入了一片"无人区"。因为那片林区还没正式对外开放，鲜有人踏足。当我们意识到进入了"无人区"的时候，已经迷路了。费了很大的功夫，我们还是没有找到出口。

"爸爸，我们怎么办呢？"女儿看着我，焦急地跺着脚。

我掏出手机，想向景区求救。"快打电话叫人来。"女儿也在一旁催促道。可是打开手机一看，一点信号也没有，这里不仅是无人区，还是信号的盲区。

"没有信号。"我把手机递到女儿的面前。

"这个鬼地方，怎么就没有信号呢。"女儿嘟哝着说，"我们只有呼救了。"我点了点头，便和女儿向着大山的深处呼喊起来。可我们的声音就像被那些密不透风的林木、青翠的藤蔓、鲜艳的花草吸收了一样，任凭我们怎样叫喊，也听不到人们的回应，甚至连一声浅浅的山谷回应声也没有。

我和女儿一筹莫展地在一片草地上急得团团转。女儿看着我，问："爸，我们怎样才能走出去？"我又看到了几年前女儿问我企鹅为什么不怕冷时的眼神。

我看了看周围参天的大树，和被我们踩得东歪西倒的野草，说："我也不知道哪里才是出路，让我们想想办法吧。"

女儿点了点头，先前的急躁已经没有了。也许她已想明白，面对困境，焦急没有任何作用，只有想办法破解难题才是唯一的出路。这一冷静下来，女儿还真想出几个走出困境之法，但兜来兜去，我们还是回到了原地。

"怎么会这样呢？"女儿看着渐渐西沉的太阳问道。还没容我回答，女儿突然拉起我，向另一个方向走去。"我们刚才为什么走不出去，是我们没有方向感。"女儿一边拉着我，一边说道，"我们是顺着太阳晒的方向来的，现在只要我们背着太阳下山的方向走，就一定能走出无人区。"

果然，没有多大工夫，我们就脱困了，但由于耽误了不少时间，那一晚，我们只得在山上的旅馆住了一夜。

时光流逝，女儿转眼已经大学毕业并工作了，在单位里也干得有声有色。春节的时候，女儿回来了。一家人在一起一边闲聊，一边回忆起女儿小时候的快乐时光。女儿拿出了那本厚厚的相册翻看着，寻找那曾经的快乐。忽然，女儿大叫起来："爸——"

我和妻子不解地看着女儿。女儿把相册递过来，指着我刚工作时的一张工作照说："爸，你以前在大容山景区工作过？"

我点了点头。女儿一下子像不认识我一样看着我，看得我脸上热热的。我问道："怎么啦？"

"原来大容山你都熟悉啊。"女儿拉着我的手，说，"那次山上的迷路，你是知道怎么走出去的，可你就是不告诉我！"

看着女儿，我哧地一笑。是啊，每个人的一生会遇到很多"无人区"，如果每次都要让别人为你破解出山之路，那你何时才会长大呢？

萤火人生

刘会然

又是一个仲夏月明星稀的夜晚，走在树荫斑驳的小道上，我想起了父亲，想起了记忆中的那群萤火虫。

那是我初三毕业那年。当时，能考上中专是一个初中生最大的梦想。在乡亲们的眼里，考上中专就意味着将来能到政府机关工作，社会地位高，而且端上了"铁饭碗"。

那年，我的中考成绩离中专分数线只差几分，邻居家的小华也是。但小华的叔叔是市里一位副市长的秘书，小华上中专这事一下子就搞定了。

其实，我父亲也有一个很"铁"的战友在省教育部门工作，摆平我上中专这样的小事自然不在话下。但我不知道父亲是怎么想的，关于我上中专的事，他提也不提，更不要说去找人了。

眼看录取时间就要结束了，父亲依旧无动于衷。母亲、爷爷和我们家几乎所有的亲戚都说过他好几次："孩子就差几分，你和你那战友说说，这事不就解决了？"

可是，不管别人怎么说，父亲依然保持沉默，好像我不是他儿子，和他无关似的。

最后，我眼看着小华高高兴兴地到省城去上中专，心里别提有多难过了。我独自躲到房间里哭泣，憎恨父亲的没用。

几天后，我很不情愿地到一所高中报到。父亲本来想把我送到学校，但我一把抢过他手里的提包，飞似的踏上汽车走了。

第二年的暑假，在一个炎热的午夜，我和父亲在院子里乘凉。经过那件事后，我对父亲爱理不理了。我躺在竹椅上数着天上的星星，父亲躺在竹椅上默默地吸着烟。以前的我和父亲可不是这个样子，乘凉时我们总有聊不完的话题。

突然，几只萤火虫闯入我的视野，父亲忽然开口对我说话了："萤火虫自己照亮自己。"我朝着萤火虫望去，它们像一群夜的精灵，在黑夜之中飞舞。一只只萤火虫从我头上飞过，好似黑夜中的一盏盏明灯。

"萤火虫自己照亮自己。"我默默地念着父亲那句话。直到那时，我才真正明白了父亲固执的原因。

父亲不就是要我像萤火虫一样靠自己的能力走出一条属于自己

的路吗？在人生的路上，我们固然需要别人的扶助，但有些路需要自己一步一步地去走，别人永远帮不了你。感谢父亲，感谢黑夜中的那些可爱的小生灵，是它们让我靠自己的能力考上大学，是它们让我靠自己的能力找到现在这份不错的工作。也是它们，让我明白了一个终身受益的真理：自己照亮自己前进的路。

自己走回家

苇 笛

在公园里玩了一下午，儿子回家的脚步慢了下来。"妈妈，我累了！"走出公园不足三百米，儿子便偎在我的腿边说道。"那好吧，我们先休息一会儿。"拉着儿子，我们在路边的长椅上坐下。

几分钟后，我向儿子伸出了手。"嘉嘉，咱们该回家了，天快黑了。"儿子听话地站了起来，牵着我的手沿着马路慢慢地走着。

路上是川流不息的车辆，许多出租车挂着"空车"的招牌，我知道只要招一下手，几分钟后我和儿子就能轻松地坐在家里了。可我还是愿意拉着儿子的手，一步一步地走完这三站多路。

"嘉嘉！"我对儿子说，"我们来做'猫捉老鼠'的游戏吧。"

"好啊！"儿子的眼睛一亮，高兴地叫了起来，"我做'猫'，妈妈做'老鼠'！""行！"话一说完，"老鼠"赶紧跑了起来。跑了几步后，"老鼠"的脚步渐渐地慢了，眼看着"猫爪子"就要抓住"老鼠"时，"老鼠"赶紧向前冲去……几番追赶后，"老鼠"被抓住了。

"我赢了！"儿子兴高采烈地叫道，接着又趴到我的怀里，"妈妈，我脚疼。"

"快让妈妈看看！"我们在路边的台阶上坐了下来。轻轻脱掉儿子的鞋子，我将他的小脚放在掌心里揉了又揉……暮色渐渐地浓了，我给儿子穿好鞋子，拉他站了起来。

"嘉嘉，咱们比赛吧，看谁先跑到那根电线杆前。"我提议道。"好啊！"儿子毫不犹豫地答应了。儿子跑得真快，小胳膊甩动着向前冲去，一直冲到电线杆旁才停了下来，并骄傲地说："我是第一名！"

一路上，我们有时讲故事，有时猜谜语，有时做游戏……不知不觉，家门就近在眼前了。

自从儿子会走路后，每天我都会带他出去玩，即使雨天也不例外。那时候，儿子走累了自然会向我伸出双臂："妈妈抱抱！"而我并不抱他，只是蹲下身来将他揽在怀里："嘉嘉最棒啦！嘉嘉自己能走！"渐渐地，儿子习惯了所有的路都自己走。时间长了，他的意识里再也没有"妈妈抱抱"的概念。哪怕再累，他也只是依在我的腿边说："妈妈，我好累！"接下来的另一句话却是："我自己走！"小小年纪的儿子，便一直这样自己走了下去。

努力去做不擅长的事

鲁先圣

老师和父母以及那些成功者经常这样告诉我们：做自己喜欢的事情，做自己擅长的工作，在自己感兴趣的道路上发展。甚至有一句这样的话，几乎是我们共同信奉的箴言：一个人如果一生中都在自己擅长的领域做着自己喜欢的事情，这个人必定有大成就。

对于这句话，我也一直是信奉不疑的。因为就我自己的发展道路而言，我就是这句话的实践者和受益者。几十年以来我一直从事着自己喜欢的文学事业，这是我自幼的梦想，是我大学的专业，也是我一直感兴趣的职业，而且我也做得很成功。

但是，我最近在研究比尔·盖茨的成功经历时发现，这位微软公司创始人之一、曾多次登上世界首富宝座的财富巨人，他的成功经验，却完全颠覆了这个理论。

美国《财富》杂志曾经对盖茨和他的父亲老盖茨做过一个专访，揭秘老盖茨是如何养育儿子的，他在儿子成长过程中提出了哪些建议。

父子俩就家庭关系、成长历程等揭开了很多人们不知道的秘密。盖茨眼中的父亲很伟大，老盖茨眼中的儿子很优秀。盖茨是微软公司的创始人之一，他从哈佛大学退学创业的事情一直为人们津津乐道。1995 年到 2007 年的《福布斯》全球亿万富翁排行榜中，盖茨连续十三年蝉联世界首富；2008 年排名世界第三；2009 年又一次成为世界首富。2008 年 6 月，盖茨宣布退出微软日常事务管理，并把 580 亿美元个人财产全部捐赠到他跟妻子梅琳达共同创办的慈善组织"比尔和梅琳达・盖茨基金会"。

老盖茨原是西雅图著名的律师，曾为解决微软各类官司等立下汗马功劳。由于父亲工作繁忙，盖茨小时候主要由母亲玛丽负责养育。小盖茨在多数情况下都谨遵母命。老盖茨说，盖茨成为"爱争论的小男孩"大约是从十一岁开始的，而且越来越让家里人头痛。从那时起，盖茨不断冲撞母亲。玛丽对儿子的一切期待——保持房间干净、按时吃饭、不要咬铅笔——忽然成为双方摩擦的起源。

盖茨十二岁那年，他跟母亲的大战达到顶峰。有一次，在餐桌上，盖茨冲着母亲大吵大嚷，盖茨现在将那次事件描述为"极其不敬，带有狂妄自大的孩子般的粗鲁"。

老盖茨和妻子带盖茨去看了心理医生。盖茨回忆说，他当时跟心理医生说"正想与控制他的父母爆发战争"。心理医生当时告诉老盖茨夫妇，他们的儿子最终将赢得"独立战争"的胜利，他们最好减少对他生活的干涉。

老盖茨和玛丽最终掀开了抚养孩子的重要一页：选择放手，让孩子去他不熟悉的行业里接受锻炼。他们把儿子送到认为会给予孩子更大自由的学校——私立湖滨中学，这所学校现在因是"盖茨首次接触到计算器的地方"而闻名。他们鼓励孩子去做自己不擅长的事情：外出参加很多体育活动，比如游泳、橄榄球和足球，而这些项目恰恰是孩子最讨厌的弱项。

盖茨说，那时，他以为这些是毫无意义的事情，但后来这种锻炼给了自己许多展现领导才能的机会，并且让他懂得"不是自己擅长什么就只做什么"。父母当时这样敦促自己，因为他们知道，当面对这些事情的时候，自己经常退缩。他从那时开始意识到，他没有必要证明自己在父母面前的地位，而是要向世界证明自己。

显然，正是这种对自己不擅长的事情的刻意锻炼，让盖茨具有了那种敢于挑战，勇于探索，迎难而上的品质，使他在未来充满挑战的计算机领域大显身手。

孩子，我在等你犯错

孙道荣

我问儿子："今天偷看电视了吗？"

暑假，白天都是儿子一个人在家，为了控制他看电视的时间，我们规定，不许白天看电视。儿子故作轻松地回答说："没有哇。"

我盯着他，又严肃地问他："真的没看吗？你要诚实地回答我。"

儿子低下了头："我错了，我看了一下午电视。"

因为未经允许看电视，还撒谎，儿子理所当然地受到了惩罚。

接受完惩罚，儿子怯怯地问我："爸爸，你是怎么知道我偷看电视的？怎么每次我一犯错误，你就能抓住我，好像总是跟在我身边似的。"

其实，下班一回到家，我就悄悄摸了下电视机，机身是热的。这个秘密，我当然不能告诉你。但是，孩子，有一点你说对了，每次你犯错误的时候，我都会恰到好处地出现在你身边，就像猎人总是及时出现在猎物面前一样。没错，你所犯下的每一个错误，都是我的猎物。

你已经是个翩翩少年了。你知道吗，这十几年，你一直不断地犯着错误。

刚刚学会爬的时候，你对什么都充满了好奇，忍不住摸摸、玩玩。可是，这个世界并不是所有的东西都是你的玩具，有的会伤害你。你太小了，不能理解大人的话。唯一教会你认识危险的办法，就是让你犯个错，并因为这个错误而承受后果。我们一再告诉你，爸爸喝的热水杯是不能碰的，但你老是想拧开爸爸的杯子。有一天，我故意将杯子放在你能够够得着的地方，你兴奋地用手去摸那只充满了诱惑的杯子，结果，你粉嫩的小手被杯子很不客气地烫了一下。你痛得哇哇大哭。我一边抚慰你，一边告诉你，杯子里装着热水，会烫人的，不能随便碰。这个世界有很多杯子一样的东西，我们需要它，但是弄不好它也会伤害我们。我不知道我说的话你有没有明白，但此后很长时间，你都不再乱碰杯子，直到你学会先用手背去试探一下温度。

在你成长的过程中，几乎总是伴随着错误。学走路的时候，你看起来多么兴奋啊，在大人的帮扶下，你一刻都不肯停下脚步。当你跌跌撞撞地自己迈出人生第一步的时候，我和你妈妈的眼里都充满了激动的泪水。很快，你不满足于在家里的地板上走路了，你要到外面去走。我牵着你的手，和你一起来到了室外。灿烂的阳光，似乎专为了欢迎你。我悄悄松开了你的手。没走几步，你就被地上一块凸起的小砖头给绊倒了。你哭了。我将你扶起来，指着那块小砖头告诉你，走路时要避开它。你似懂非懂地点点头。孩子，其实，那块砖头我早看到了，我知道你不会注意到它，你刚学会走路，只会看天，不知道看路；我也料到你一定会被它绊倒，因为你还不会绕过它。即使不是这块砖头，也总有其他砖头，将你一次次绊倒，这一点也不奇怪。你被绊倒了，摔痛了，你就会从此记住，路上的石头是会绊脚的。明白这一点非常重要，一生当中，我们会遇到多少这样的石头啊。这一跤，你一定得摔，而且，天知道我们要摔多少跤，才会真正长大。

你终于可以自己满世界地跑了，再也不需要大人跟在你的身后了。孩了，你不知道，父母的视线，其实一刻都没有离开过你。还记得吗，有一年冬天，小区里的水池刚结了冰，你就尝试着想在冰上走。那么薄的冰，哪能承受得了你的体重呢？你的脚刚刚迈上去，冰就咔嚓一声碎裂了，你一脚踩进了刺骨的冰水里，吓得尖叫起来。我冲过去，一把将你拽了上来，抱回家中。事后，我记得你问过我，咋就那么神，你刚掉进水池里，我就像救星一样出现在了你的面前。孩子，你并不知道，看到你一脸好奇地走近水池边，我就一直暗自注视着你，我知道你会不知深浅地在冰上走，而只要你踩在冰上，就一定会掉进水池里。我当然可以制止你，让你不要犯这个错误，但我没有。我不想阻止你的探险，人一定得有一点好奇心，要有一点探险精神。同时，说实话，我想看着你犯错，错误会让你吃苦头，长记性的。

孩子，你说得对，每次你犯错的时候，我都会及时发现，并出现在你的面前。因为我知道你会犯错误，而有的时候，我甚至有点迫不及待地等待着你犯错误。

有一天，你和几个小朋友在楼下玩，站在窗前，我看得十分清楚。看到你和小朋友们玩得那么融洽，我很开心。可是，突然你和其中一个比你小的小朋友发生了矛盾，好像是为了一个玩具，最后，你竟然从他手上强行将玩具抢了过来。看到这一幕时，我简直不敢相信自己的眼睛，那是你吗？我的孩子，为了一个小玩具，你竟然学会了无耻地抢夺。我迅速冲下楼，严厉呵斥了你的行为，让你将玩具还给人家，并向他道歉。回家之后，你被罚跪在搓衣板上，面壁思过一个小时。你心甘情愿地接受了惩罚，因为你知道自己错了。

我的孩子，我知道迟早有一天，你会犯这个错误，这一天终于来了。虽然你从小就非常善良，通情达理，可是，面对比你弱小的人，面对诱惑，很难说你不会恃强凌弱，甚至巧取豪夺。今天，你终于犯下了这个错误，所幸的是，我及时发现，并制止了你的错误。我惩罚你，就是要你记住，欺凌、掠夺别人是严重错误的，永远也不要再犯这样的错误。

人这一辈子，必然会犯各种各样的错误。犯错误并不可怕，可怕的是犯了错却不自知，可怕的是一犯再犯，可怕的是明知故犯。你成长的过程，其实就是一个不断犯错，不断认错，不断纠错的过程。我在等你犯错，就是要抓住一切机会告诉你，那样做是错误的，那是你绝不能再犯的错误。

孩子，我无力为你指出人生中的每一个错误，但我希望，在你年少时，多犯几个错误，我们共同来面对它，纠正它，克服它。这样，当你长大成人，独立面对社会时，就会少犯几个错误，少跌几个跟头啊。

在场外打败对手

陈大超

    露丝·弗里斯只要把手里的铅球随便扔出去，哪怕只扔到比自己的脚尖稍远的地方，她就能稳获世界冠军。但在四年一度的"世界大师运动会"的竞技场上，100 岁高龄的她，却颤颤巍巍地将一个重 9 磅（约 4.08 千克）的铅球推出了 14 英尺（约 4.27 米）远！整个体育馆顿时响起了雷鸣般的欢呼声，因为许多比她年轻数十岁的女选手，也未必能将铅球投得如此之远。

    露丝所在的 100～104 岁年龄组中，参加女了掷铅球比赛的选手只有她一个。全世界除了露丝之外，再没有人既能活得像她一样长，同时又报名参加"世界大师运动会"的女子铅球比赛。在领取金牌时，露丝显得异常兴奋，她说："我本来只要出现在赛场上，就能赢得金牌，但对我而言这还不够好，我必须向每个人证明我仍然有拿冠军的实力。"赛后，一名官员向露丝敬上一杯香槟酒庆祝胜利，但露丝却婉言谢绝，她答复道："谢谢，我不喝酒也不抽烟，这种现代的庆祝方式并不适合我。"

露丝之所以能活到这么大的年纪，除了从不沾烟酒，她还非常注重锻炼身体。哪怕已经百岁高龄，她出门仍然坚持步行，并且每周五天定时进行推举杠铃训练。她推举的杠铃重达 80 磅 (约 36.29 千克)——对于一个百岁高龄的老人来说，这绝对称得上是负荷惊人的"魔鬼训练"。

正因为露丝始终保持良好的生活习惯，坚持体育锻炼，而且一直保持着清醒的头脑和独立的人格 (连官员当着那么多的人敬酒都可以拒绝)，她才可以战胜所有的竞争对手——让所有的对手在上场之前就失去了在她这个年龄段跟她同场竞技的资格。这话也可以这样说：蕾丝所有的对手，都是在场外被她打败的。

许多能够与胜利者同场竞技的失败者，他们事实上也是在场外就被胜利者打败了的。他们在场外就没有煅造出可以与胜利者较量的那种实力。他们在场外就没有胜利者的那种清醒、认真、严格、自律、执着、顽强，同时也没有将好习惯、好品质、好意识、好心态一保持就是一辈子的决心与霸气！

竞技场 (包括商场、职场、战场等) 只是决出成败的地方，而决出成败的实力，却是在场外练就的。竞技场上的成败，是可以让人见证的；而场外实力的养成，却往往是没人看得见的。许许多多的人，实际上都是在没有人看得见的场外被打败的。当然，场上竞技，有时候也会有一些偶然因素，但实力永远都是决定成败最关键的因素。

要想做一个场上的胜利者，就必须做一个在场外就能把对手打败的人。没人关注的场外，才是胜利者真正的舞台。胜利者总是乐于做一个首先把好习惯、好品质、好技法、好身手表演给自己看的英雄，甚至一生都只表演给自己看，也绝无怨言。

第七辑

人不能同时坐两把椅子

——养成专注认真的习惯

德国人的认真

陆勇强

德国人以认真、按部就班而著称。他们强调团队精神，就像德国足球，我们喜欢用"战车"去形容他们。

和德国人打交道，必须按规矩办事，这是一个常识。六年前，一家五金工具厂从德国进口了一台机床，我的同学担任德国工程师的翻译。因为五金厂的基建设施推迟，设备无法安装调试，德国工程师就到处闲逛，有事没事地往厂房瞧瞧，然后耸耸肩走了。半个月后，基建完工了，机器在德国工程师的指导下安装到位，但德国工程师突然提出要回国了。五金厂的老总十分着急，机器最重要的是调试，现在他怎么可以走呢。

德国工程师告诉老总："总公司委派他到中国的日程是二十天，他的工作日已经完成，所以必须回国了。"

同学努力与德国工程师沟通，希望他能留下来。但他说："造成这一切的不是我。我必须回国，因为我的年休假到了，我的妻子和儿子正在德国等着我回去。"

德国工程师回了德国，他有三个月的年休假。五金厂向德国公司投诉，并希望德国公司再派一位工程师前来。但德国公司表示，是五金厂违背了约定，他们不可能再派其他人员前来，唯一的选择只能等他年休假结束。

对于这位德国工程师，五金厂对其非议甚多。第二次前来，大家虽然对其客客气气，但心底却是排斥他的。但同学告诉我，那德国人的工作真的让人无可挑剔。

这是我对德国人最初的感受。

今年秋天，我接到任务采访"国家友谊奖"获得者——来自柏林的菲尔特先生。当时心中忐忑不安，我怕这位曾在奥委会担任过高官的先生也会像那位德国工程师一样过于"认真"。

菲尔特先生的翻译告诉我："三十分钟。"翻译看了一下表。我顿时紧张起来。短短三十分钟，能问些什么问题呢？我可是要写两个整版的文章啊。

菲尔特先生七十多岁的年纪，精神矍铄。我问的第一个问题是关于他在北京接受"国家友谊奖"的情况，菲尔特先生谈了很多。我在心里估算一下，菲尔特先生大约讲了十分钟。

我再提第二个问题，关于他受聘于中国公司的情况。菲尔特先生微笑着说："这个问题，我已经多次说过了。"但他还是把自己当年来中国的情况细致地说了。

问第三个问题的时候，翻译看了看表。我知道时间快到了，但我需要的问题菲尔特没有回答。我看看菲尔特先生，仍然目光如炬地看着我，等待我的问题。于是我问第三个问题，然后又是第四个问题……在这一过程中，菲尔特先生在回答问题前，都要夸奖我一下："这个问题问得好！"

回答完六个问题，翻译站起身来，轻声说："你违约了，已经是一个半小时了。"

我站起身，对菲尔特先生说："谢谢。"菲尔特先生的手温暖而又有力，他微笑了一下，但耸了一下肩。我让翻译转达我超过了约访时间的歉意，菲尔特先生沉吟了一下，笑笑说："你是客人。"

我觉得这位有过"高官"生涯的德国专家，像一位宽容而善解人意的长者，找不到一丝想象当中的苛刻和固执。

翻译说："菲尔特先生有一个原则，他从来不会敷衍任何人。"在我看来，这是菲尔特先生的另一种德国式的"认真"。

德国人的认真，我真的全然领受了。

把认真坚持到底

崔修建

　　那年，中专毕业的她，连着跑了好几个月的人才市场，才在一家经营得不太景气的公司里，找到一份薪水很低的工作。她很珍惜这份来之不易又很辛苦的统计工作，不自觉地把自己当成了公司的主人，常常主动加班加点，不计报酬地认真整理着那一串串枯燥的数字。尽管从她进公司那天起，便有不少人已开始陆续跳槽或准备跳槽了，有好心的人也曾劝她趁着年轻赶紧物色更好的去处，可她没有心动，仍对公司的未来充满希望，津津有味地忙碌着自己的那份工作。

　　一年后，在激烈的市场竞争中，那家公司还是破产了。那天，撑到最后的几位员工，拿着公司最后一次付给的薪水，怀着复杂的心情散开了。黄昏时分，在商海中几经沉浮的总经理带着一抹难以释怀的悲伤，黯然地来到公司，他想再看一眼下周就将易主的办公室，然后永远离开这座让他伤心的城市。

走到三楼，总经理忽然发现营销部的门虚掩着，他不禁惊异地走了过去。此时，她正握着计算器，全神贯注地埋头于一大堆数据当中，直到他咳嗽了一声，她才抬起头来，认真地告诉在她面前站了好一会儿的总经理："您让我做的营销统计表马上就要做完了。"

他苦涩地挥挥手："你不用做了，那已经没有用了。我现在已经不是总经理了，你也可以走了。"

"等我把它做完了再走吧。"她的手仍没有停下来。

"别认真了，赶紧去找一份更好的工作吧。"他感觉她跟自己年轻时一样忠厚老实，自己今天商场的失意可能也与此性格有关。

"可这是您交给我的任务，我已经拿了这个月的薪水，理应把它做完。"她孩子似的较真道。

"好多人领了报酬没干完工作或干得一塌糊涂就离开了，我都没去计较，自然不会在意一直表现得很优秀的你了。"他颇为大度地说。

"可是，我要把认真坚持到底。"她秀气的眸子里流露着坚定。

"谢谢你的认真，我这次是输惨了，已不敢再奢望东山再起了，请你把这份认真用到别的地方吧。相信今后无论到哪里，你都会成为一名优秀的员工。"此时，他特别希望她能找到一份好的工作。

"可我希望在不久的今后，还来给您打工，我相信您不会倒下的，只要您肯坐下来认真地总结经验教训。"她不容置疑地望着他。

"那么，我真的不应该辜负你的这份认真和信任了。"迎着她满脸的郑重，他的目光掠过她递过来的那张抄写得工工整整的统计表，心中突然涌起一股强烈的渴望——他要从头再来。

数年后，经过一番艰苦的打拼，他真的再度崛起，成为那座城市里响当当的民营企业家，而她也成了一家大公司的老板。在那次"十佳企业家"颁奖晚会上，面对记者们纷纷伸过来的话筒，她和他不约而同地道出了成功的秘诀——认真。

一年一度的高校毕业生分配前夕，当他应邀走上我供职的大学讲台，再次向同学们深情地讲起自己亲历的那个令人回味不已的小故事后，我看到年轻的学子们在报以热烈的掌声之后，更多的是陷入了深深的思索。我相信，他们的思绪一定会沿着这个小故事伸展开来，一定会领悟到许多受用一生的宝贵启示。

是的，要把事业与人生经营成功，需要足够的智慧，更需要一样不可或缺的东西，那就是——执着的认真。因为一份认真，许多平凡的工作陡然变得神圣起来；因为一份认真，会让浮躁的心田沐浴在沉静的风中，把眼前的事情踏踏实实地做好；因为一份认真，一些所谓的坎坷和挫折，都会化作成功路上的一些坚韧的磨砺；因为一份认真，许多似已关闭的大门会訇然打开，许多奇迹会悄然走来……

"把认真坚持到底，就是把热情和自信坚持到底，自然就是在一步步地走向成功。"今天，当我再次聆听到荧屏上的她——北方著名的红豆制衣公司总裁丁少颖那意味深长的讲演时，我不禁激动地为自己的这位没有读过大学的好友击掌赞叹，不仅为她今日辉煌的成功，更为她成功背后的那份弥足珍贵的认真。

攀登者的秘诀

姜钦峰

2003 年 5 月，一支由七名业余队员组成的登山队宣布攀登珠穆朗玛峰，央视首次全程直播，而且中国移动公司为此专门做了一个网站，海拔 6500 米以上还可以通过海事卫星电话上网。

在媒体的推波助澜下，此次攀登珠峰引起了人们前所未有的热情关注，一时间盛况空前。在登山队员中，有两个人尤为引人注目。一个是深圳万科集团董事长王石，鼎鼎大名的地产泰斗。在房地产界，没人会怀疑他的能力，但是对于登山，他充其量只是个业余爱好者，何况他已年过 50，要想征服世界第一高峰，谈何容易。另一个是比王石小 10 岁的队友，身体素质特别好。在基地训练时，一般人登山负重最多只有 20 千克，他负重 40 千克仍然行走自如；别人走两趟，他能走三趟。于是人们纷纷预测，这名队员应该是第一个登顶的，他自然也成了媒体关注的焦点。

按照预定计划，登山队如期踏上征程。整个登山过程中，那名呼声最高的队员身兼数职，一路上他要接受记者采访，每天还要抽空上网，看看网友发的帖子，回复网友的问题。不仅如此，他还要全程跟踪拍摄登山过程，并把一些相关图片按时发给家乡的电视台。

王石则表现得极为低调，只是默默地专心登山。

在海拔 8000 米营地宿营时，夕阳的余晖映照在白雪皑皑的珠峰上，风景奇丽壮观，队友们个个异常兴奋，纷纷跑出去欣赏美景，只有王石不为所动。

第二天，登山队员们向顶峰发起冲击。就在此刻，那名呼声最高的队友却不得不放弃了登顶，因为他的体力已消耗殆尽。最终，7 名队员中只有 4 人成功登顶，其中便包括王石。

最具实力的队员没有登上顶峰，而最不被看好的王石竟一举登顶，这样的结局大大出乎人们意料。

下山后，王石欣然接受采访，记者的第一句话就是："王总，难道你有什么登顶的秘诀吗？"他开心地笑了："哪有什么秘诀啊，自从第一脚踏上珠峰，我的心中就只有一个目标，那就是登顶，任何与此无关的事情我一概不做。"

果真没有秘诀？其实，王石已经一语道破天机，那就是两个字——专注。

最傻的人成功了

感 动

1862 年，德国格丁根大学医学院的亨尔教授迎来了他的新学生。在对新生进行面试和笔试后，亨尔教授脸上露出了笑容，但他神色又马上凝重起来。因为他隐约感觉到这届学生中的很大一部分人是他教学生涯中碰到的最聪明的苗子。

开学不久的一天，亨尔教授突然把自己多年积下的论文手稿全部搬到教室里，分给学生们，让他们仔细工整地誊写一遍。

但是，当学生们翻开亨尔教授的论文手稿时，发现这些手稿已经非常工整了。几乎所有的学生都认为根本没有重抄一遍的必要，做这种没有价值而又繁冗枯燥的工作是在浪费自己的青春和生命。有这些时间，还不如发挥自己的聪明才智去搞研究。他们的结论是，只有傻子才会坐在那里当抄写员。最后，这些学生都去实验室里搞研究去了。让人想不到的是，竟然真有一个"傻子"坐在教室里抄写教授的论文手稿——他叫科赫。

一个学期以后，科赫把抄好的手稿送到了亨尔教授的办公室。看着科赫满脸疑问，一向和蔼的教授突然严肃地对他说："我向你表示崇高的敬意，孩子！因为只有你完成了这项工作，而那些我认为很聪明的学生，竟然都不愿做这种繁重、乏味的抄写工作。"

"我们从事医学研究的人，不光需要聪明的头脑和勤奋的精神，更为重要的是一定要具备一种一丝不苟的精神。特别是年轻人，往往急于求成，容易忽略细节。要知道，医理上走错一步，就是人命关天的大事啊！而抄那些手稿的工作，既是学习医学知识的机会，也是一种修炼心性的过程。"教授最后说。

这番话深深触动了科赫年轻的心灵。在此后的学习和工作中，科赫一直牢记导师的话，他老老实实做"最傻的人"，一直保持严谨的学习心态和研究作风。这种做事态度让他在人类历史上首次发现了结核菌和结核菌素。而第一个发现传染病是由于病原体感染而造成的人，也是这位叫科赫的"最傻的人"。1905年，鉴于在细菌研究方面的卓越成就，瑞典皇家学会将诺贝尔生理学或医学奖授予了科赫。

拉好人生每一根丝

柏兴武

　　他活到最狂妄的年龄时，双腿残废了。从此，悲观失望的他拒绝跟人接触，独自摇着轮椅到一个称为地坛的园子里去逃避现实。他有时一连几小时专心致志地想关于死的事。后来，却因为一只小小的蜘蛛让他坚持活下去并找到了他的幸福之路。

　　那是一个雾罩的清晨，他摇着轮椅在园中慢慢地走。他看见一只黑蜘蛛在路两旁的两棵树之间结了一张很大的网。他不解地想：难道蜘蛛会飞？要不，两棵树之间有一丈多宽的距离，第一根丝怎么拉过去呢？为了弄清这个问题，他开始了细致地观察。后来，他发现蜘蛛走了许多弯路——从一棵树的枝头起，打结，顺树而下，一步一步向下爬，小心翼翼，翘起尾部，不让自己那根细丝粘贴在树皮上和路面的其他物体上，走过路面，再爬上对面的树，高度差不多了，再把丝在一根枝上收紧，以后也是如此。就这样，不会飞翔的蜘蛛把网结在了半空中。他看到精巧而规矩的网，八卦形地张开，仿佛得到神助，不由得深深地震撼了。不会飞的蜘蛛能在半空中编织出如此精巧而规矩的网，自己是一个有手有脑的人，为什么就不能寻找到自己的幸福之路呢？

此后，他开始寻找自己的幸福之路。他想：不试白不试，腿反正是完了，试一试不会额外再有什么损失。说不定倒有额外的好处呢？这一来他轻松多了，自由多了。他开始把看到的，想到的，用文字记录下来，也就是说，他开始了写作生涯。写作并不是一件轻松的事，并不是写了就能发表。他写了很多文字，但并没有引起编辑的注意，他的文章一篇也没有发表。就在他想要放弃的时候，他想到了蜘蛛的执着，他的一颗躁动的心走向宁静。他相信自己也会跟蜘蛛一样结出"网"来，只要自己认真地拉好每一根丝，就能走向成功。他继续用笔记录生活，就跟蜘蛛一根根拉线一样积累着素材。他终于发表了文章，而且一炮打响。他就是不断跨越困境的令人敬佩的作家——史铁生。

史铁生成功的事例告诉我们：只要你拉好人生每一根丝，就会织出人生的五彩图！

人不能同时坐两把椅子

鲁先圣

帕瓦罗蒂是世界著名的男高音歌唱家。他具有十分漂亮的音色，在两个八度以上的整个音域里，所有音均能迸射出明亮、晶莹的光辉。被一般男高音视为畏途的"高音 c"，他也能唱得清畅、圆润而富于穿透力，因而被誉为"High C 之王"。他是当今世界三大男高音歌唱家之一。

帕瓦罗蒂 1935 年生于意大利摩德纳市郊一个并不富裕的家庭。父亲当过面包师，母亲是雪茄烟厂的女工，但他们都酷爱音乐，尤其他的父亲是当地颇有名气的业余男高音。帕瓦罗蒂有着一副天生的好嗓子，自幼就与歌声结伴。因此，他非常渴望自己能够到音乐学院深造。可是，命运却没有给他机会，他被一所师范学院录取了。

在师范学院里，他的成绩非常优秀，他完全可以成为一名优秀的教师。而且，在当时的意大利，老师收入稳定并且十分受人尊敬。但是，帕瓦罗蒂却有另外的想法，他爱好音乐，他希望自己能够成为一名歌唱家。

成为一个收入稳定的教师，是眼下就能够实现的人生目标，这对于贫穷家庭的孩子来说是最现实不过的了，而成为歌唱家却是遥远的甚至不可及的幻想。帕瓦罗蒂犹豫了，他既不想放弃教师的职业，又不想放弃自己的理想。他拿不定主意，就去询问自己的父亲应该怎么办。

他的父亲，富有远见的老帕瓦罗蒂神情庄重地告诉他："孩子，人不能同时坐两把椅子，那样只会掉到椅子中间的地上。在生活中，你必须学会放弃其中的一把椅子。"

帕瓦罗蒂领悟了父亲的教诲，他果断地放弃了教师的职业，为自己选择了歌唱这把"椅子"。

1955 年，20 岁的帕瓦罗蒂开始学声乐。1961 年，26 岁的帕瓦罗蒂在阿基莱·佩里国际声乐比赛中，因成功演唱歌剧《波希米亚人》主角鲁道夫的咏叹调，荣获一等奖。同年 4 月，他首次在勒佐·埃米利亚歌剧院登台演出《波希米亚人》全剧，从此开始了他光辉灿烂的歌剧生涯。

1963 年，他因在英国伦敦皇家歌剧院顶替前辈大师斯苔芳诺演出而大获成功，1964年他进入名耀世界的米兰斯卡拉歌剧院，从此一举成名。1967年，在纪念杰出音乐家托斯卡尼尼一百周年诞辰的音乐会上，他被卡拉扬挑选成为威尔第《安魂曲》的男高音独唱。此后，这颗歌剧巨星在世界上冉冉升起、光芒四射、引人瞩目，成为当代最佳男高音而蜚声世界。1972年，他在纽约大都会歌剧院与萨瑟兰合作演出了《军中女郎》，在演唱剧中的一段被称为男高音禁区的唱段《啊，多么快乐》时，帕瓦罗蒂连续唱出九个带有胸腔共鸣的高音c，震动了国际乐坛。

当人们问起帕瓦罗蒂成功秘诀的时候，帕瓦罗蒂总是这样告诉人们：选择和放弃是一件痛苦的事情，但却是成功的前提，人不能同时坐两把椅子。

大卫背上的伤痕

崔修建

公元 1500 年，一位雕塑家得到一块质地上乘的大理石。仔细端详后，他觉得它非常适合雕刻一个人像。于是，他拿起了凿子，开始雕刻起来。不知是不是因为有点儿紧张了，他一时用力过重，一下就敲下了一大块碎屑。雕塑家立刻停了下来，经过三天的思索，他决定放弃构思好的雕塑，因为他意识到自己难以驾驭这块宝贵的材料了。

后来，这块大理石被赠送给了大名鼎鼎的雕塑家米开朗琪罗。米开朗琪罗如获至宝，他花费了巨大的心血，倾注了全部的才思，精心雕琢数年，终于用这块奇异的大理石雕刻出旷世杰作——大卫像。

细心的观赏者指着大卫背上的一道明显的伤痕，为其不能百分之百的完美而略感惋惜，并慨叹先前那位雕塑家有些冒失了。他那一凿打得实在太重了，竟伤及了人像的肌体，留下一个小小的遗憾。

米开朗琪罗则郑重地纠正道："那位先生已经相当慎重了。如果他冒失草率的话，这块特别的材料早就不复存在了，而我的大卫像也就无从产生了。"

"这么说，你还要感谢那位雕塑家？"有人问道。

"是的，我要特别地感谢他，感谢他难得的认真。他的雕刻和放弃都是极其认真的，因此，我在内心里崇敬他为老师。另外，我还要感谢他留下的那块伤痕，它就像一只明亮的眼睛，始终在注视着我，无时无刻不在提醒着我，让我的每一刀每一凿都千百倍地细心，不能有丝毫的疏忽大意。"米开朗琪罗充满敬意地道出了他获得成功的另一个秘诀——汲取别人的教训，以最大的认真，去做好手头的每一件事。

其实，生活中有很多的失误乃至失败，都是完全可以避免的。因为在此之前已经有了很多鲜活的实例，像镜子一样竖在那里，只是很多人不善于从中总结经验、汲取教训，或者干脆熟视无睹，进而导致了许多不该发生的错误反复出现。

大卫背上的伤痕，像一句至理名言，在提醒着我们——认认真真地对待每一件事，既要重视别人身上小小的一丝亮点，又要高度重视别人小小的错误，力争不再犯同样的错误。那样，我们才会少走弯路、少受挫折，才会站得更高、走得更远，才能取得更大的成功。

大师的认真

鲁先圣

一个杰出的大师，也许我们很难一句说清他与一般人有哪些不同，但是有一点是肯定的：他们都有着不肯妥协的坚持和认真。

美籍华裔物理学家李政道博士 1946 年到美国读研究生，他的导师是大师级的物理学家费米教授。费米教授每周用半天时间跟李政道讨论问题，他的主要目的是训练学生对一切问题能够有独立思考、找到答案的能力。

有一次，费米问李政道："太阳中心的温度是多少？"

李政道答："大概是两千万绝对温度。"

费米问："你是怎么知道的？"

李政道说："是从文献上看来的。"

费米问："你自己有没有算过？"

李政道答："没有，这个计算比较复杂。"

费米告诉李政道："作为一个学者，这样不行，你一定要自己思考和计算，你不能这样接受人家的结论。"

李政道问："那怎么办？这里有两个公式，看起来不是最复杂，真要做起来，却并不那么简单。"

费米说："你能不能想一个其他的方法来计算？"

李政道说："想什么办法呢？没有大计算器。"

费米教授当时正在做很重要的物理实验，但是他放下了手中的实验，与李政道一起做了一台计算器。不久，全世界唯一一台专门用来做大计算的计算器做好了。李政道用自己的计算器，用新的方法计算出了太阳中心的温度。

李政道后来说，费米教授看重的，并不仅仅是做这样一次计算，他是让学生明白，作为一个科学家，我们不能轻易接受别人的结论，必须自己亲手实验，而且要尝试使用新的方法。这件事情让李政道博士一生受益无穷。以后他无论在学术研究还是在做人处世当中，都始终坚持脚踏实地，开拓创新。

1994年，著名指挥家小泽征尔回到出生地沈阳，他决定指挥辽宁交响乐团上演《德沃夏克第九交响曲》。第一天，在排练完第四乐章后，小泽的脸色骤然沉了下来，紧皱眉头，低沉地自语道："怎么会这样？这样的乐团怎么去演出？"

忽然，他用指挥棒重重地敲了一下乐谱架后说："从明天起，我们进行个人演奏过关训练。"这等于在说，每个人需要从基本功训练做起——这绝不是大师级指挥家做的事。

但是此后，这位享誉世界的指挥家小泽征尔，每天坚持上训练课六个钟头，小泽征尔一次次仔细认真地纠正每一个乐手，俨然是一位教音乐课的小学音乐教师。

到了第三天下午，小泽征尔实在太疲劳了。他先是蹲在地板上指挥，后来，干脆就跪在地板上指挥。脸上的汗水挥洒在乐谱和地板上。尤其是第一小提琴手，尽管他一次次地纠正，可还是难以让他满意。

望着大师被汗水浸透了的头发和一脸的疲惫，第一小提琴手心中难受极了，先是流泪、抽泣，后是失声痛哭起来："大师，对不起，您另选他人吧，我不行。"

在场的人都以为大师会发火，不料他却十分平静和悦地说："你行，只差一点点，请再来一次。"

当她拉完一遍，大师捋起头发："谢谢，请再来一次好吗？"

就这样，当第一小提琴手的演奏达到满意的时候，她自己已经泣不成声。大师大口喘息着接过毛巾笑着说："你们都行，谁也没有理由泄气……"

就是从那个时候开始，所有参加了那一次演出的乐团乐手，都犹如接受了一次脱胎换骨的洗礼。

　　大家不仅仅是在音乐方面得到了质的提升，而且明白了一个乐手之所以成为大师的秘密所在。

第八辑

拧紧人生的每个螺栓

——养成注重细节的习惯

一粒灰尘改变了人类

蒋光宇

1881 年 8 月 6 日，亚历山大·弗莱明出生在苏格兰的一个贫苦农民的家庭。在丘吉尔的资助下，他被送到英国伦敦圣玛丽医学院学习。大学毕业后，他留在医院从事细菌学的研究。当时还没有一种合适的药物，能避免伤口感染，人们只能束手无策地看着病魔肆虐、死神猖獗。因此，弗莱明十分渴望找到一种理想的药物。

1928 年 9 月的一天早晨，弗莱明像往常一样来到实验室。实验室里整整齐齐地排列着许多培养器皿，他仔细检查培养器皿中的细菌有没有细微的变化。当他检查到靠近窗户的一只放有葡萄球菌的培养器皿时，发现里面的培养基发霉了，长出了一团青色的霉花。弗莱明的助手赶紧过来说："它是被从窗外飘来的一粒灰尘污染了，别再用了，让我把它倒掉吧。"弗莱明制止了助手，把青霉菌放在显微镜下进行观察，结果惊喜地发现，青霉菌附近的葡萄球菌已经全部死掉了。于是，弗莱明马上把青霉菌放进培养基中培养。过了几天，青霉菌繁殖起来了。他把蘸上含有葡萄球菌水的一根线放在青霉菌的培养器皿中。几个小时后，葡萄球菌全部死亡。接着，他分别把带有白喉菌、肺炎菌、链球菌、炭疽菌的线放进培养器皿中，这些细菌也很快死去了。就这样，弗莱明发明了抗菌新药——青霉素。

1929 年，弗莱明把关于青霉素的发现写成论文，发表在英国《实验病理学》季刊上。在这篇文章中，他阐明了青霉素的强大抑菌作用、安全性和应用前景。他坚信，青霉素有巨大价值，总有一天人们将用它的力量去拯救病人的宝贵生命。有人劝他申请专利，弗莱明却说："为了我自己和我一家的尊荣富贵，而危害无数人的生命，我不忍心。"弗莱明的这个发现，为其他科学家的研究开辟了一条阳光大道。

1941 年，经过科学家们的深入研究，青霉素开始用于临床。

1943 年，青霉素得到推广。从此以后，许多曾经严重危害人类疾病的难治之症和不治之症，诸如猩红热、化脓性咽喉炎、白喉、梅毒、淋病，以及各种结核病、败血病、肺炎、伤寒等，都得到了有效的抑制。青霉素的使用给那些饱受疾病折磨的人们带来了生机与希望。可以毫不夸张地说，青霉素的问世，从死神手里夺回了成千上万人的生命，延长了人类的平均寿命；青霉素的问世，唤起了世界各国的科学家们积极寻找新抗生素的热情，开辟了现代药物治疗的新时期，使人类进入了合成新药的时代；青霉素的问世，是医学史上的一个伟大发明，与原子弹和雷达一起被誉为第二次世界大战中的三个重大发明。直到今天，它仍是应用最多、最广的抗生素。

一个司空见惯的小事，也可能引发出载入史册的辉煌。1945年，弗莱明等人获得了诺贝尔生理学或医学奖。在一定意义上可以说，一粒灰尘不仅改变了弗莱明等个人的命运，也改变了世界各国千百万在病魔下挣扎的病人的命运，改变了整个人类的命运。任何伟大的事业，似乎都有一个微不足道的开端。谨小者大，慎微者著。天下大事，必作于细。

良好的习惯比文凭更重要

柏兴武

高中毕业后，我到深圳找工作。因为学历低，又没有一技之长，结果可想而知：辗转数日，毫无结果。一天，我在报上偶然看到一家刚开张的四星级酒店在招聘服务员，待遇比较优厚。我普通话说得不错，准备全力去争取。

面试地点在一家宾馆的包间。负责面试的是一位衣着笔挺的老人，他漫不经心地看着我那份没有文凭和经验的简历。我虽然心里没有把握，但脸上却露出自信的微笑。"明天上午八点复试。"老人说完就招呼下一个面试人员。

次日，我七点就赶到那个包间，门还没开，门上贴着一张纸条，我一看，是告诉复试地点改在酒店的通知。我立即往那家四星级酒店赶。我赶到的时候，差六分钟八点。负责接待的年轻人抱歉地说："老总正在开会，不知道什么时候复试，你们随便坐吧。"这时，一共到了六个人。

九点的时候，负责接待的人说，大家闲着也是闲着，能不能帮我们打扫一下酒店大厅的卫生。我一听就主动去了，而且做得很认真。我们刚把大厅打扫干净，那个面试的老人出来了，他说他就是总经理。他很和蔼，说感谢你们的帮忙，让大家中午在酒店吃便饭，下午再复试。席间，我们有点拘谨。总经理笑着说："大家能聚在一起用餐是缘分，所以不必客气，随便吃，随便吃。"他这样一说，气氛慢慢活跃了起来。

饭后，总经理突然说："复试结束了。我们这儿要求特别高，所以只有两人合格。"想不到其中竟然有我。

没有被选中的人心有不满，质问总经理为什么。总经理平静地说："我是有意变动复试地点的，可有人把我们的通知给撕了，目的是减少竞争对手，但他（她）不知道我会专门派人补贴通知并加以监视；有人八点才赶到原地点，我认为他（她）并不迫切需要这份工作，试想，如果路上出点小事，比如塞车，不就迟到了吗？有人义务给我们打扫卫生的时候很不乐意；有人在吃饭的时候挑挑拣拣。这些小事，恰能看出一个人是否诚实可靠，是否勤快，是否知道照顾别人。你们说是不是？你们没被录用，就算是对我有意见，我也要劝告你们，良好的习惯比文凭更重要！"

只愿沉溺在这小小的细节里

马 德

我一直以为，麻雀是蹦着走的。那天，我看到一只麻雀，它逡巡着，碎步双挪，那一刻，小小的它，寂静得像个公主。

我一直以为，麻雀们嬉闹的时候，只会在一棵树高高的枝头上，倚着高远的天空，腾挪跌宕，上下翻飞。那天，在一丛低矮的柏树里，我看到它们竟收敛翅膀，紧锁身子，在密密匝匝的叶脉与枝缝里，互相追逐。

这种顽劣，看得我心疼与欢喜。

出去开会，同住一个房间的，是一个素昧平生的人。没话。我在看书，他在剪指甲。

他低着头，剪得很慢，尽量让刀口一点一点地行进，按压指甲刀时，也小心翼翼的，生怕弄出一点响动。

后来，他睡着了。我合上书，静静地，躺在那里，不发出一点声响。

那一晚，那间客房的空气中，浮动着最人性的寂静。

我一直以为，大凡野性的动物，总是要避人的。

然而，它却一直在我们的视线里。在教学楼前一株高耸的针柏树上，它筑窝在树杈的交汇处，产蛋，孵雏，两年多了。每天下课铃响后，学生们都要倚着走廊的栏杆，围着它看，而且，指指点点，品头论足。

它呢，有时候，脖子挺得直直的，眼睛瞪得圆圆的，仿佛很警觉的样子。但更多的时候，安卧在那里，一动不动，沉静得如入定的僧。

走廊的栏杆与那棵树仅一步，但它没有怕过。

是的，两年多了，没有一个学生动过它的窝，动过它产的蛋，动过它的雏儿。当一个生命的尊严得到最高敬畏与尊重的时候，这一小步，便成了世界上最美的一段距离。

我该羡慕它，那只安卧着的，幸福的野鸽子。

进门的时候，后边跟着一个扎着小辫的小女孩。

她离我还有两三步远，我扶着门，一直等到她走进来。

她进来后，盯着我看，一脸的纯净。随后，她回过身来，用小小的手，吃力地扶住了门框的边缘。

我说，你要干什么？

小女孩说，叔叔，你什么时候出去啊，我也想为你开一次门。

雨后，大街上有许多积水。

驱车时，每当有骑自行车的或者行人经过的时候，我故意开得很慢，慢得几乎要停下来。

我注意到，好多人都会因此而向驾驶室的我投来一瞥。那一瞥里，含着亲切、友善、赞许，以及无上的敬意。

我常在这尊贵的一瞥里，触摸到自身生命的芳香。

大师的细节

澜 涛

受一家出版社之托，去采写中国探月工程首席科学家、中科院院士欧阳自远的传记。采访是在一个阳光明媚的上午开始的，一走进欧阳院士的办公室，我就遭遇了一个又一个的意外。

欧阳院士的办公室很大，一张能够围坐二三十人的大办公桌几乎占去了办公室的半壁江山，一个硕大的地球仪和一个硕大的月球仪非常醒目。我对月球仪的好奇引起了欧阳院士的注意，他指点着月球仪，简单地向我介绍着月球的地形、地貌。随后，欧阳院士叮嘱他的助手，午饭多订份盒饭。

欧阳院士虽然已七十多岁高龄，但身体十分健朗，思维也十分敏捷。

伴随着欧阳院士的娓娓倾谈，我的思绪沿着他成长的脚步由远而近，品赏着他七十几年人生的风云变幻：江西吉安菜油灯下的寒窗苦读，中国地质大学孜孜不倦的求学问梦，核之城马兰的苦苦探寻钻研……欧阳院士的人生历程几乎处处传奇，他清苦的身世，对事业的执着追求，对理想的忘我投入深深震撼着我。

同样震撼我的，还有一些微小的细节。

在采访中，虽然我只是在提问和记录，但面前纸杯中的茶水仍旧被我多次喝空，而每次，欧阳院士都会很及时地起身，一边继续讲述着他的故事，一边端起纸杯到饮水器旁续水。欧阳院士在中国科学界、乃至世界科学界的地位无须多言，仅年龄来说也与我祖父等同，而我，只是一个采访他的青涩记者，他的如此礼遇让我每次都很惶恐，但每次当我表示要自己去续水时，欧阳院士都会微笑着示意我，继续记录。

欧阳院士的平易近人与亲切，让采访进行得十分顺利。

在采访欧阳院士前，我的一个在一家青年类杂志做编辑的朋友，委托我让欧阳院士为他所在杂志的读者写一句寄语。采访结束时，我向欧阳院士说出这个请求，欧阳院士很爽快地答应了。我便从随身带去的、一面打印着欧阳院士相关资料的纸中抽出一张来，将无字的那一面朝上，递给欧阳院士，示意可以在这上面写下寄语。欧阳院士没有说什么，站起身，到他办公室的打印机前取来几张没有用过的打印纸，在桌子上铺好，开始写寄语。我不由得深感汗颜，同时，有阳光暖过我的心。

　　距离那天的采访已经过去了许多日子，但那天对我的特殊意义，令我一直记忆犹新，因为那天我不只是采访了一位大师，还从大师的身上领悟到一个道理：成大事的人，细节上也一丝不苟。

拧紧人生的每个螺栓

崔鹤同

　　为了准备人类第一次载人太空飞行，苏联宇航局从 1960 年 3 月开始招募宇航员。这期间训练了至少 20 名宇航员，最终选中了加加林。原因之一是他有典型的俄罗斯面孔和俄罗斯血统，但起决定作用的是在确定人选几周前的一个偶然事件。在尚未竣工的东方号宇宙飞船陈列厂内，受训的宇航员第一次看到它，主设计师科罗廖夫问谁愿意试坐，加加林报了名。在进入飞船前，加加林脱下了鞋子，只穿袜子进入还没有舱门的座舱。这一下子就赢得了科罗廖夫的好感。他发现这名 27 岁的青年人如此规矩，又如此珍爱他为之倾注心血的飞船，于是决定让加加林执行这次飞行。

　　加加林脱鞋进舱这个细小的动作，让他赢得了"一步登天"的机遇。这也反映了加加林严于律己、洁身自爱、尊重他人的优秀品质。

人的一生是由一连串的细节和琐碎的小事情组成的，可能很平庸，也可能很伟大，其关键是对待这些小事的态度和处理方法。很多有过惊天动地作为的人士都是依赖于对小事情的关注而获得成功的。正如英国作家狄更斯所说，天才就是注意细节的人。而不少人碌碌无为甚至身名狼藉、一败涂地，就是由于恣意妄为、不拘小节。

一位在德国的中国留学生，毕业时成绩优异，他试图在当地寻找工作。他向许多跨国公司投了自己的简历，因为他知道这些公司都在积极地开发亚太市场，可都被拒绝了。他最后选了一家小公司去求职，没想到仍被拒绝，他有点怒不可遏。德国老板给这个留学生看了一份记录，他乘坐公共汽车曾三次逃票被抓住过。德国抽查逃票一般被查到的概率是万分之三，这位高材生居然被抓住三次逃票，在以认真严谨著称的德国人看来是不可饶恕的。

这位留学生在车票这件小事上欺人自欺，失去诚信，最终咎由自取，无立锥之地。

"慎易以避难，敬细以远大。""图大者，当谨于微。"不欺小节，拧紧人生的每个螺栓，才能走向成功与辉煌。

成功只差五毫米

李雪峰

　　莱斯是一位著名的物理学家和发明家，曾研制和发明过不少的东西。在电话机还没有诞生之前，莱斯就设想发明一项传声装置，这种装置可以使身处异地的两人自由地交谈，从而方便人们的信息传递。

　　根据自己的设想和传声学原理，莱斯经过孜孜不倦的研究，用了两年多的时间，终于研制出一种传声装置。但令莱斯沮丧的是，他研制的这项传声装置只用电流传送音乐，却不能用来传递话音，不能使身处两地的人们自由地交谈。在经过无数次的改进和试验后，莱斯的这项研制毫无进展，依旧无法传递话音，莱斯于是心灰意冷地宣告自己的研究失败了，并得出试验结论说："传声学根本无法解决两地之间话语传递的问题。"

　　和莱斯有着同样梦想的还有另外一位发明家，他是美国人，叫贝尔。听到莱斯研制失败的消息后，贝尔并没有灰心和绝望，他详细推敲了莱斯的传声装置，在莱斯研究的基础上不断开始新的大胆尝试。他把莱斯用的间断直流电改为使用连续直流电，解决了传声装置传送时间短促、讲话声音多变等难题。但这些都是些微不足道的小问题，莱斯也曾这样设想和试验过，都没有取得过成功，贝尔和莱斯一样，试验了很多次，同样遭到了令人沮丧的两个字：失败！

　　是不是真的如莱斯所说的那样，传声学根本无法解决两地之间的话语传递呢？贝尔也陷入了困境。一天下午，当绞尽脑汁的贝尔束手无策地坐在试验桌旁，面对着他已改进多次的传声装置发呆时，他的手无意间碰到了传声装置上的一颗螺丝钉，这是一枚毫不起眼的螺丝钉，已经有些微微生锈的钉盖，钉子也早已没有了多少金属的光泽，如果不是自己发呆和无聊，贝尔是无论如何也注意不到这颗螺丝钉的。在沉闷和发呆时，贝尔的手指碰到了这颗螺丝钉，并且发现它有些松动，贝尔轻轻地用手将这颗螺丝钉往里拧了半圈，但仅仅这半圈，奇迹竟出现了：世界上第一部电话机诞生了！

　　得知贝尔发明了电话机，莱斯马上赶到贝尔的试验室向贝尔表示祝贺并向贝尔请教。贝尔向莱斯一一介绍了自己对莱斯那部传声装置的改进，莱斯说："这些我都试验过。"贝尔摸着那颗螺丝钉说："我将它往里拧了二分之一，竟发生了奇迹。"莱斯怎么也不肯相信，一颗螺丝钉多拧或少拧二分之一圈，不过只是五毫米左右微不足道的差距，它能决定什么呢？莱斯半信半疑地将那颗螺丝钉拧松了二分之一圈，奇怪的是传声机果然没有了声音，他又将那颗螺丝钉向里拧了二分之一圈，那部传声装置立刻就可以传递话语了。

莱斯惊呆了，然后泪流满面痛悔不迭地说："我距成功只差五毫米啊！"

五毫米，一颗普通螺丝钉的二分之一圈，却让莱斯失败了。而恰恰只因为多拧了五毫米，贝尔成了家喻户晓的电话发明家。

别让你的人生出现"西提斯栓"

董　刚

1939 年 6 月 1 日，号称当时世界最先进的英国皇家海军 T 级潜艇"西提斯"号前往利物浦湾开始其处女航，以便进行最后潜航试验。担任艇长的是弗雷德里克·伍兹上尉，他是一个经验丰富的海军潜艇军官，有过多年指挥潜艇的经历，因为事关重大，除了 63 名优秀的艇员外，在"西提斯"号上还有 8 名实习人员和 32 名造船厂的技术人员，优秀的艇员加上专业的技术人员，在任何人看来这都是最佳组合。

"西提斯"号驶出利物浦港 1 个小时后，潜艇来到了试验的海域，大家的心情都很激动，等待着第一次下潜。可是，由于压舱物过轻，首次下潜失败了。这时，艇长弗雷德里克·伍兹上尉依照程序规定下令打开鱼雷发射管的内层盖子，以便海水部分涌入，增加潜艇的重量。对于一个老艇长来说，这样的经历很多，他没有觉得任何不合适，包括艇员以及技术人员在内，他们都认可了艇长的指令。让所有人都没有料到的是，此时鱼雷发射管外层的盖子早已被打开，数以百吨计的海水顿时以迅雷不及掩耳之势涌入潜艇的第一、第二间隔舱，重量激增的潜艇随即一头朝下，迅速沉入海底。

因为只是试验，所以"西提斯"号上的氧气携带量没有特别增加，原本只够维持53名艇员呼吸，当时参加测试的实际人数多达103人，超出几乎正常核载人数一倍，所以在潜艇下沉之后马上就暴露出了问题。雪上加霜的是，当时的空调性能低劣，艇上众多较为年长的艇员，由于二氧化碳中毒，纷纷感到恶心和眩晕。当时，两名艇员自告奋勇试图关上鱼雷发射管的盖子，但他们均宣告失败，夜幕降临后，艇员们将艇上60吨饮用水和燃油倒掉，以便让下沉的艇身部分上浮，为了最大限度地减少氧气消耗，艇上所有人员皆保持睡眠状态，静候营救到来。13个小时过去了，艇内二氧化碳浓度上升到了危险程度，艇长伍兹、司炉德里克·阿诺德和另外两名男子冒险打开舱门上浮，最终奇迹生还，其余艇上99人全部葬身海底。

这起事故发生之后，所有的人都对事故的原因百思不得其解，如果是一艘旧潜艇，出现这样的情况可能是设备故障，但是"西提斯"号是一艘崭新的潜艇，出航之前已经通过了各项检查，况且无论是艇上人员还是技术人员的处置都没有错误，专家们怎么也分析不出事故的原因。直到 4 个月后"西提斯"号被打捞起来，当专家们查看了潜艇的所有部位，终于找到了答案：原来，早在"西提斯"号出海前数周，一名造船厂油漆工在给鱼雷发射管刷漆时，不慎让一滴油漆渗漏，粘住了一个用于防止事故发生的安全测试阀门。结果，艇长伍兹在不知情的情况下，同时打开了鱼雷发射管的里外双层盖子，导致一场灾难降临。后来，人们发明了一种新装置用于防止鱼雷发射管外层盖子被意外打开。为了纪念这一事故，该装置被命名为"西提斯栓"。

　　用生命换来的"西提斯栓"成了生命的"保护神"，这应该是最好的结局。只是，我们不要忘记了，促使"西提斯栓"问世的仅仅是一滴普通的油漆，但是，"西提斯栓"出现付出的代价实在是太大了。对我们来说，人生就是一次远航，我们自己就是一条船，不管是学习、创业还是经营家庭、为人处世等，都是我们航行的一部分，我们需要安全，但是我们不希望拥有"西提斯栓"，因为这太沉重了，沉重得让我们无法去感性地面对。而不让"西提斯栓"出现的方法只有一个，那就是细心再细心些。

细节之误

流 沙

1912 年 4 月 10 日，在英国南安普敦港口，一艘豪华游轮正整装待发，这是它的处女航，港口的岸边站满了送别的人。

布莱尔正在最后检查着游轮上的设备，一切完好。他想，这该是一趟愉快的旅行。

但布莱尔突然接到了一个通知，他的岗位将由另外一个人来替代。布莱尔十分惊讶和失望。他想知道为什么，有人告诉他，游轮进行处女航，而他的经验不够，必须有一位经验更加丰富的人来顶替他的岗位。

游轮马上就要起航了。

匆忙中，布莱尔收拾好自己的东西，失望地离开了游轮。也许布莱尔不知道，他的突然离开，竟然与 1500 多条生命紧紧地联系在一起。

游轮起航后，船员突然发现船上唯一的望远镜锁在了坚固的工具箱里，而钥匙被布莱尔带下了船。

船员们心存侥幸，他们认为没有望远镜不会对航行产生影响。船员们用肉眼努力眺望着前方是否有障碍物，游轮就这样搭载了 1500 多人在大海中危险地航行着。

黑夜来临时，游轮前方视线极差，一个灭顶之灾正向这艘游轮袭来。

当船员发现前方出现一个庞然大物时，巨大的游轮想转向已经来不及了。船员们惊呼着"冰山、冰山"，游轮一头撞向了冰山。

游轮发生倾斜，并开始进水，慢慢开始下沉。1522 人丧生，这就是世人熟知的"泰坦尼克号"海难。

在英国伦敦的一场拍卖会上，这把夺命钥匙成为拍卖的热点。它告诉世人的是，如果不善待细节，等于放出了魔鬼。

少年羊皮卷